KB101949

생명 곁에 앉아 있는 죽음

생명 곁에 앉아 있는 죽음

이나가키 히데히로 지음
노만수 옮김

살림

차
례

매미는 땅속에서 일곱 해를

굼벵이로 지낸다.

그러니까 유치원 꼬마가 매미를 잡았다면

매미가 그 꼬마보다도

나이가 많은 셈이다.

땅에서 7년,
그리고 여름 한 철

매미의 죽은 몸뚱이가 도로에 떨어져 있다.

매미는 꼭 위쪽을 향한 채 죽는다. 곤충은 뻣뻣하게 경직되면 다리가 오그라들고 관절이 꺾인다. 그 탓에 몸을 땅에 지탱할 수가 없어 뒤집혀버리는 것이다.

죽었나 싶어 콕 찔러보면 갑자기 날개를 퍼덕여 보이기도 한다. 마지막 힘을 쥐어짜 "지지지······" 하고 몸을 떨며 짧게 우는 놈도 있다.

딱히 죽은 척하는 모양새는 아니다. 이들은 이제 일어날 힘조차 남아 있지 않다. 임종이 가까워진 것이다.

벌렁 뒤로 잦혀 누운 채 죽음을 기다리는 매미. 이들은 도대체 무엇을 생각하고 있을까? 이들의 눈에 비쳐드는 것은 무엇일까? 맑게 갠 하늘일까? 여름 끝자락의 소나기구름일까? 아니면 나무들 사이로 새어 나오는 햇빛일까?

다만, 벌렁 뒤로 잦혀져 누워 있다고는 해도 매미의 눈은 몸통의 등 쪽에 달려 있기 때문에 하늘을 보고 있을 리 없다. 곤충의 눈은 작은 눈이 모여 생긴 겹눈으로, 넓은 범위를 볼 수는 있지만 벌러덩 눕게 되면 시야가 거의 땅을 향하게 된다.

하긴 이들에게는 그 땅이야말로 유소년기를 보낸 그리운 장소이기도 하다.

"매미는 명이 짧다"고들 한다.

매미는 가까이에서 볼 수 있는 흔한 곤충이지만, 그 생태는 뚜렷하게 밝혀지지 않았다. 매미는 탈바꿈을 해 어른벌레가 된 뒤 일주일가량 목숨을 부지한다고 하지만, 요즈음 이루어지는 연구에서는 몇 주에서 한 달 안팎까지 사는 것 아니냐는 말도 있다. 그래봤자 여름 한철 동안만 사는 짧은 생명이다.

하지만 명이 짧다는 것은 어른벌레가 된 뒤의 이야기이다. 매미는 어른벌레가 되기까지, 땅속에서 몇 년이나 꼼짝 않고 지내는 것으로 알려져 있다.

곤충은 흔히 단명한다. 곤충붙이의 대다수는 수명이 짧고, 한해에 몇 차례나 발생하여 짧은 세대를 되풀이한다. 수명이 긴 것이라야 알에서 부화해 애벌레가 돼서부터 어른벌레로 자라 생명이 끝날 때까지 한 해를 못 채우는 것이 흔하다.

그 곤충붙이 가운데 매미는 몇 년이나 산다. 정말로 장수하는 목숨붙이인 것이다.

일반적으로 매미는 땅속에서 일곱 해를 굼벵이로 지낸다. 그러니까 유치원 꼬마가 매미를 잡았다면, 매미가 그 꼬마보다도 나이가 많은 셈이다.

다만, 매미가 실제로 몇 년 동안이나 땅속에서 지내는지는 아직 잘 모른다. 땅속의 실제 모습을 관찰하는 게 쉬운 일은 아니기 때문이다. 만일 일곱 해를 땅속에서 지낸다면, 갓난아기가 초등학생이 될 때까지의 햇수 동안 관찰을 이어가야 하니 연구를 수월하게 할 수 없다. 굼벵이의 땅속 생태에 대해서는 아직도 수수께끼가 많다.

그건 그렇고, 많은 곤충이 단명하는데 왜 유독 매미는 몇 년 동안이나 어른벌레가 되지 않고 땅속에서 사는 것일까?

매미의 애벌레 시절이 긴 데에는 까닭이 있다.

식물 안에는 뿌리가 빨아올린 물을 식물체 전체로 흘러가게 하는 물관과 잎이 만든 영양분을 식물체 모두로 운반하는 체관이 있다. 매미의 애벌레는 이 가운데 물관의 즙을 빨아 먹는다. 뿌리가 빨아들여 물관을 통과하는 물에는 영양분이 얼마 없기 때문에 성장을 하는 데 시간이 걸린다.

활동량이 많고 자손을 남겨야만 하는 어른벌레는 효능이 좋은 영양분을 보충하기 위해 체관의 액을 빨아먹는다. 다만, 체관 액도 거의 다 수분이므로 영양분을 충분히 섭취하려면 매우 많이 빨아들여야만 한다. 흡수하고 남은 수분은 오줌으로 배출한다.

매미채를 가까이 대면 매미가 부랴부랴 날아 오르려고 날개의 근육을 움직여 몸속의 오줌이 밀려 나온다. 이것이 매미를 잡을 때 얼굴에 맞곤 하는 매미 오줌의 정체이다.

매미는 여름을 한껏 즐기는 것처럼 보인다. 하지만 땅속에서 기나긴 애벌레 시기를 보내고, 지상에서 어른벌레로 살아가기 위해 '후손을 남겨야 한다'는 번식 세대의 의무에 충실해야만 한다.

수매미는 큰 소리로 울며 암매미를 불러들인다. 그리고 수컷과 암컷은 짝이 되고, 짝짓기를 끝낸 암컷은 알을 낳는다. 이것이 매미 어른벌레에게 주어진 역할의 전부이다. 번식 행위를 끝낸 매미에게는 이제 살아갈 목적이 더 없다. 매미의 몸은 번식 행위를 끝마치면 죽음을 맞이하도록 프로그래밍되어 있다.

나무에 매달릴 힘을 잃은 매미는 땅바닥에 떨어진다. 날아다닐 힘을 잃은 매미가 할 수 있는 일이라곤 오로지 땅거죽에 뒤집혀 있는 것뿐이다. 살짝 남아 있던 힘도 이윽고 사라져, 마침내 움직이지 못한다.

그리고 그 생명은 마지막을 조용히 고한다. 죽기 직전의 찰나에, 매미의 겹눈은 도대체 어떤 풍경을 보는 것일까?

그토록 시끄럽던 매미의 대합창도 차츰차츰 작아지고, 어느덧 매미 소리도 거의 들리지 않는다. 정신을 퍼뜩 차리면 사위에 매미들의 시체가 벌렁 잦혀져 있다. 여름도 이제 끝자락이다. 계절은 가을을 향해 간다.

알이 부화하는 그날이 온다.

애타게 기다리던,

사랑하는 자식들의 생일이다.

아이를 지킬 힘이 있는
생명체의 특권

돌을 뒤집다보면 집게벌레가 집게를 휘두르며 위협해오는 경우가 있다.

집게벌레는 이름 그대로 꼬리 끝에 붙은 큰 집게가 특징이다.

곤충의 역사를 더듬어보면 집게벌레는 매우 이른 단계에 출현한 원시종이다.

바퀴벌레도 '살아 있는 화석'이라고 불릴 만큼 원시적인 곤충의 본보기이다. 바퀴벌레에서는 길게 뻗은 두 가닥의 꼬리털을 볼 수 있다. 이 꼬리털은 원시적인 곤충에게서 특유하게 볼 수 있는 흔한 특성이다. 집게벌레의 집게는 이 두 가닥의 꼬리털이 발달한 것으로 여겨진다.

집게벌레는 전갈이 독침을 추어올리는 꼴마냥 꼬리 끝에 붙은 집게를 번쩍 쳐들어 적으로부터 몸을 지킨다. 또 공벌레(단고무시)나 나방 따위의 사냥감을 발견하면 집게로 옴짝달싹 움직이지 못하게 하고 느긋하게 먹는다.

돌을 꿈틀하고 뒤집으면 돌 밑에 몸을 숨기고 있던 집게벌레가 느닷없이 밝아진 찰나에 화들짝 놀라서 허둥지둥 도망치려고 쩔쩔맨다.

그런데 개중에는 도망가지 않고 꼼짝 않는 집게벌레도 있다. 아무래도 그냥 가만히 숨어 있는 모양새는 아닌 듯하다. 이런 집게벌레는 용감하게 집게를 들어 사람도 위협하는 것이 그 증거이다.

돌을 뒤집어 엎었을 때 집게로 위협해오는 집게벌레는 어떤 본성을 갖고 있는 것일까?

가만히 살펴보면 그런 집게벌레 옆에는 슬어놓은 알이 있다.

사실인즉, 꼼짝 않은 채 달아나지 않는 이 집게벌레는 알의 어미이다. 어미인 암컷 집게벌레는 금쪽같은 알을 지키기 위해 도망가지 않고 그 자리에서 집게를 휘두르는 것이다.

곤충붙이 가운데 육아를 하는 것들은 매우 드물다.

곤충은 자연계에서 약한 존재이다. 개구리나 도마뱀 무리, 새와 포유류 등 갖가지 포식자가 곤충을 먹잇감으로 삼는다. 그런 곤충의 부모가 새끼를 지키려 해봤자 어미 아비와 함께 먹히고 말 것이다. 이래서는 몽땅 잃고 만다. 그래서 많은 곤충은 새끼 보호하기를 포기하고, 알을 낳은 채로 그냥 놔둘 수밖에 없다.

그런 가운데서도 자식을 키우는 곤충이 있다. 예를 들면 독침이라는 강력한 무기를 가진 전갈이 육아를 하는 곤충이다. 또 곤충은 아니지만 다른 곤충을 먹잇감으로 삼는 거밋과에도 육아를 하는 부류가 있다. 작은 물고기나 개구리까지 먹잇감으로 삼는 육식 수서(水棲) 곤충인 물장군도 육아를 한다. 냉혹한 자연계에서, 새끼를 보살피며 기르는 '육아' 행위란 아이를 지킬 수 있는 강한 힘을 가진 생명체에게만 허용된 특권이다.

전갈의 독침만큼 강력하지는 않지만, 집게벌레는 '집게'라는 무기를 가지고 있다. 그래서 집게벌레는 부모가 알을 지키는 생존 방식을 선택했다.

곤충의 육아는 어미가 알을 지키는 것과 아비가 알을 지키는 것으로 나뉜다. 전갈과 거미는 어미가 알을 지킨다. 물장군은 아비가 알을 지킨다.

집게벌레의 알을 지키는 쪽은 어미이다. 집게벌레의 어미가 알을 슬 때, 아비는 이미 행방을 종잡을 수 없다. 새끼가 아비의 얼굴을 모르는 것은 자연계에서 지극히 자연스럽다.

집게벌레는 어른벌레로 겨울을 나고, 겨울의 끝자락부터 이른 봄에 알을 슨다.

돌 밑의 집게벌레 어미는 낳은 알을 몸으로 덮어씌우듯이 하며 알을 지키고 있다. 알에 곰팡이가 피지 않도록 하나씩 하나씩 정성스레 핥고, 공기가 통하도록 알의 위치를 옮겨가며 극진히 돌본다.

알이 부화할 때까지 어미는 알의 곁을 떠나지 않는다. 물론 먹이를 입에 댈 짬도 없다. 먹이를 잡지도 않고, 먹지도 마시지도 않은 채 쭉 알을 돌보기만 하는 것이다.

집게벌레가 알로 사는 기간은 곤충 중에서도 특히 길어, 40일 이상이라고 한다. 심지어 알이 부화할 때까지 80일이 걸렸다는 관찰도 있다. 어미는 그동안 알의 곁을 한시도 떠나지 않고 알을 계속 지키기에 여념이 없다.

그리고 드디어 알이 부화하는 그날이 온다. 애타게 기다리던, 사랑하는 자식들의 생일이다.

그러나 어미의 노고는 이것으로 끝이 아니다. 집게벌레의 어미에게는 소중한 의식이 남아 있다.

집게벌레는 육식성으로, 작은 곤충 따위를 먹을거리로 삼는다. 그러나 갓 부화한 작은 애벌레는 먹잇감을 사냥할 수 없다. 애벌레들은 배고픔을 참으면서 응석받이처럼 어리광부리며, 매달리듯 어미 몸으로 오글오글 모여든다.

이것이 의식의 첫 번째이다.

도대체 무슨 일이 일어나려는 걸까?

세상에! 새끼들이 친어미의 몸뚱어리를 파먹기 시작한다!

어미는 새끼들에게 습격당하면서도 도망가려는 기색이 없다. 오히려 애지중지하듯 부드러운 배 부위를 새끼들에게 쑥 내민다. 어미가 의도하며 배를 내미는 것인지는 알 수 없다. 그러나 흔히 관찰되는 집게벌레의 행동이다.

뭐랄까. 집게벌레의 어미는 알에서 부화한 자기 자식들을 위해 스스로 몸을 먹거리로 이바지, 즉 공양(供養)하는 것이다. 그런 어미의 마음을 알고나 있는 것일까? 집게벌레의 새끼들은 앞다퉈 게걸스럽게 어미의 몸을 처먹는다.

어찌 이리 끔찍하고 배은망덕한 존속살해를 저지를 수 있단 말인가!

잔인하다고? 그럴지도 모른다. 그러나 어린 새끼들은 무언가를 먹지 않으면 굶어 죽는다. 그럼 어미의 입장에서는 이제껏 무엇하러 힘들게 알을 지켜왔는지 기가 찰 노릇이 아니겠는가?

어미는 가만히 새끼들이 자신을 먹는 모습을 꾹 지켜보고 있다. 그러면서도 누군가 돌을 치우면, 지칠 대로 지친 몸에 마지막 남은 힘을 쥐어짜 집게를 번쩍 치켜든다. 집게벌레의 어미란 이런 것이다.

어미는 조금씩 조금씩 몸통을 잃어가며 숨통이 가느다래진다. 사라진 몸뚱어리는 새끼들의 피가 되고 살이 된다.

희미하게 멀어져가는 의식 속에서, 어미는 무슨 궁리를 하면서 최후를 맞고 있을까?

자식을 기른다는 것, 육아는 아이를 지킬 힘이 있는 강한 생명체에게만 주어진 특권이다. 그리고 수많은 곤충 중에서도 집게벌레는 이 특권을 누리고 있는 행복한 목숨붙이이다. 이런 행복감에 휩싸여 집게벌레는 마지막을 향해 가는 것일까?

새끼들이 어미를 몽땅 먹어 치웠을 무렵, 계절은 봄을 맞는다. 제법 그럴듯하게 자란 새끼들은 돌 밑에서 기어 나와 저마다의 길로 선뜻선뜻 나아간다. 돌 밑에 어미의 유해를 쓸쓸히 남겨둔 채.

연어의 아이들이 강을 내려가는 날이 올 것이다.

바다에서 자라난 그들이

이 고향의 강을 그리워하며 귀향길에 오르는 날도

어느덧 찾아올 것이다.

부모가 아이들에게 남긴
마지막 선물

연어는 나고 자란 고향의 강으로 돌아온다고 한다.

이들에게는 길고 긴 여로였을 것이다.

강에서 태어난 연어의 치어는 강을 따라 내려와, 이윽고 난바다(외양外洋)에서 여행을 이어간다. 일본의 강에서 태어난 연어는 오호츠크해에서부터 베링해까지 헤엄쳐 나아가고, 거기서 더 나아가 알래스카만을 여행한다.

크고 드넓은 바다를 이동하며 살아가는 연어의 생태는 충분히 밝혀지지 않아 수수께끼로 가득 차 있다. 그러나 강을 거슬러 올라오는 연어에는 네 살짜리가 많다. 그래서 연어들은 바다에서 수년간 살면서 성숙하고, 어른이 되면 태어난 장소를 향해 마지막 여행을 하는 것이라 여겨지고 있다.

고향의 강을 떠나 여행길에 오른 뒤 다시 고향으로 돌아올 때까지의 여정은 1만 6,000킬로미터에 이른다고 한다. 이 길이는 지구 원둘레의 반절에나 이른 듯한 거리이다. 그 여행은 위험으로 가득 찬 장렬한 길이었을 것이다.

그런데 연어들은 왜 고향의 강으로 향하는 것일까?

사람도 나이를 먹으면 고향이 그리워진다고들 한다. 연어들도 언젠가 문득 고향 생각이 물밀듯 솟아나는 것일까?

연어들이 고향으로 향하는 데는 까닭이 있다. 연어들은 '어머니' 강으로 거슬러 올라가 알을 낳는다. 그리고 새로운 생명을 잉태하면 스스로 죽어가는 숙명을 안고 있다. 연어들에게 고향으로 가는 길은 저승으로 가는 길이다.

이들은 그 길의 끝을 알고 있는 것일까? 이들을 위험으로 가득 찬 저승길로 유혹하는 것은 무엇일까?

연어들에게 다음 세대를 남기는 것은 더없이 중요한 일이다. 그러나 알을 낳은 것은 구태여 고향의 강이 아니라도 되지 않나? 왜 이렇게 고된 여행을 하면서까지 고향의 강을 향해 거슬러 올라가는 것일까? 그리고 언제부터 연어들은 그런 일생을 보내게 된 걸까?

유감스럽지만 그 까닭은 명확하지 않다.

생물의 진화를 더듬어보면, 옛날에 모든 물고기는 바다에 살았다. 어류가 갖가지로 진화하면서 바다에는 먹는 놈과 먹히는 놈이라는 냉혹한 약육강식의 먹이사슬 세계가 펼쳐졌다. 이때 잡아먹히는 쪽인 약한 물고기의 일부가 포식자로부터 도망치기 위해, 살기 좋은 바다를 떠나 미지의 환경인 강어귀로 옮겨가 살게 되었다.

강어귀는 바닷물과 민물이 섞이는 '기수역(汽水域)'이다. 바다의 짠물에 적응한 물고기들에게 그곳은 목숨을 잃을 수 있는 위험한 장소이다. 그럼에도 경쟁에 밀린 물고기들은 그곳에서 살 수밖에 없었다.

그러나 머지않아 먹이를 찾는 포식자들도 강어귀에 적응하며 침범해온다. 그러자 약한 물고기들은 새로운 서식지를 찾아 소금기가 더 적은 강으로 달아났다. 오늘날 강이나 연못에 사는 민물고기는 이런 약한 물고기들의 후손이라 여겨진다.

그런데 이런 민물고기(담수어) 가운데에 도로 넓은 바다로 돌아가는 길을 선택한 것들도 있다. 연어나 송어 같은 연어과 무리가 그 예이다. 연어과 물고기들은 추운 지역의 강에 분포한다. 이렇게 수온이 낮은 강에는 먹이가 넉넉하지 않다. 이 때문에 일부 연어과 물고기들이 먹이를 구하러 다시 해양으로 나가게 되었다고 여겨진다. 그리고 먹이가 풍부한 바다에서 자라니 많은 알을 낳을 수 있는 큰 몸집을 얻게 된 것이다.

그럼, 먹이를 찾아 바다로 돌아간 연어과 물고기들은 왜 알을 낳을 때는 강을 거슬러 올라가는 것일까?

바다는 천적이 많고 위험으로 가득 찬 곳이라는 사실은 지금도 마찬가지이다. 진화한 연어들에게도 바다는 위험천만한 곳이다. 알을 숱하게 낳는다 해도, 무방비한 상태로 바다에 흩뿌리면 소중한 알들은 무서운 물고기의 먹잇감이 될 뿐이다. 그래서 연어는 금쪽같이 아까운 알들의 생존율을 높이려고 자신의 위험은 아랑곳하지 않고 강으로 되돌아가는 것이다.

어머니인 강으로 향하는 연어들의 황천길.

그건 그렇다 치고, 연어들은 그 먼 고향의 강에 어떻게 길을 헤매지 않고 다다를 수 있을까? 연어들은 강물 냄새로 고향의 강을 안다고도 하는데, 오로지 그런 것만으로도 고향을 알 수 있기나 한 것일까? 진짜로 불가사의가 아닐 수 없다.

길고 위험한 여행의 끝에 반가운 강을 찾아냈다고 해도 아주 안심할 수만은 없다.

고향의 강이라고 해도, 바닷물에서 자란 연어들에게 소금기 적은 강물은 위험하기 짝이 없는 곳이다. 그래서 연어는 몸이 민물에 적응할 때까지 한동안 강어귀에서 지내야만 한다.

이때부터 연어들의 맵시가 바뀌어간다. 온몸에 고운 광택이 나고, 몸 무늬에서 붉은 선이 도드라지게 떠오른다. 마치 성년식을 축하하는 산뜻한 전통 의상이라고나 할까?

수컷들의 등은 불끈불끈한 근육이 불룩하다. 아래턱은 구부러지고, 뭐라 형용할 수 없이 사나이다운 모습이 되어간다. 고향으로 향해 가는 마지막 여행을 앞두고, 날카로운 눈엔 자신감이 넘쳐흐르는 듯하다. 암컷들은 온 몸피가 아름답고 둥그스름하고,

눈부실 정도로 매력적이다. 강을 떠난 치어 때와는 물론이고 보통 때의 연어와도 생판 다르게, 몰라보리만큼 멋지게 자라났다.

죽음을 준비한 연어가 아주 먼 길을 가는 길손처럼 강물을 거슬러 올라가는 모습은 가을과 겨울에 볼 수 있다.

연어 떼가 드디어 강으로 들어선다. 그리운 고향을 향한 여행이라지만, 이제 여기부터는 자신들이 여태 살아온 바다가 아니다.

고향을 향하는 연어들에게는 어려움이 억패듯 닥쳐온다.

강어귀에서는 강으로 거슬러 올라가는 연어를 손꼽아 기다리던 어부들이 그물을 던진다. 걸렸다간 끝장이다. 어찌어찌 잽싸게 그물을 피하면 이번엔 곰의 발톱이 물속으로 덮쳐온다. 이렇게 강을 거슬러 올라가기도 전에 목숨을 잃는 연어도 부지기수이다.

역경은 이것으로 끝이 아니다.

강과 바다는 연결되어 있다. 그러니까 강을 거슬러 올라가기만 하면 상류에 다다를 수 있다고 생각할지 모르지만, 그것은 옛날 이야기이다. 요즘은 강수량을 조절하거나 토사 유출을 막기 위한 보(洑), 수자원을 확보하기 위한 댐 따위 인공물들이 하천의 온갖 곳에 세워져 연어의 앞길을 가로막는다.

거대한 건조물을 눈앞에 두고 연어들은 몇 번이고 높이뛰기를 시도한다. 물살에 얻어맞고 나가떨어지기를 몇 번, 실패를 거듭

하면서도 연어들은 도전을 멈추지 않는다.

만약 자연의 급류라면, 조상들이 그랬듯 이들도 물여울을 뛰어넘을 수 있을 것이다. 그러나 오늘날의 연어들 앞에 도사리고 있는 것은 선대들은 전혀 경험해보지 못한 거대한 콘크리트 벽이다. 수많은 연어가 이것을 이겨내지 못하고 고향을 보지 못한 채, 온 힘이 다해 짜부라져 죽고 만다.

요즘은 '어도(魚道, 고깃길)'라고 하여, 떼 지어 강물을 거슬러 올라가는 물고기를 위한 길이 마련되어 있다. 하지만 필사적인 연어들이 그런 것을 알 리가 없다. 우연히 어도를 마주친 일부의 물고기만 그곳을 통해 강을 거슬러 올라갈 뿐, 어도의 혜택을 보는 물고기는 사람이 생각하는 것만큼 많지 않다. 숱한 연어가 어도를 알지 못하고 뜻을 이루지 못한 채 산란 여행을 중도에 끝내고 만다.

상류 가까이 오면 강은 얕아지고 울퉁불퉁한 강바닥 돌이 앞길을 막는다. 그래도 연어들은 몸을 좌우로 흔들면서 죽을힘을 다해 강을 거슬러 올라간다. 어느덧 헤엄을 친다기보다는 이리저리 온몸으로 마구 뒹굴고 있는 것으로밖에 보이지 않는다. 아름다운 연어의 몸엔 상처가 나고 지느러미도 꼬리도 너덜너덜해진다. 그래도 그들은 조금씩, 그러나 확실히, 상류를 향해 간다.

연어들을 이곳까지 오도록 부추기는 힘은 무엇일까?

강의 상류까지 와서 알을 낳은 연어들은 머지않아 죽어갈 운명이다. 이들은 이 여행의 종착지에 죽음이 기다리고 있다는 것을 알기나 하는 걸까?

강어귀에서 강으로 진입한 다음부터 연어들은 먹이를 잡지 않는다. 바다를 서식처로 삼아온 이들에게 강에는 워낙 마땅한 먹잇감이 없다는 사정도 있을 것이다. 이들은 아무리 배가 고파도, 아무리 피로가 쌓여도, 상류를 향해 계속 강을 거슬러 올라간다. 시간에 목매고 남은 분초와 싸우기라도 하듯, 그저 오로지 상류를 향해 한결같이 위쪽으로만 거슬러 올라가는 것이다. 마치 죽음이 다가오고 있다는 것을 알기라도 하는 듯이, 다른 건 거들떠보지도 않고 그저 끊임없이 위로, 위로 올라가기만 하는 것이다.

연어들은 죽음을 향해 강을 거슬러 올라간다. 죽음의 강을 거슬러 올라가는 이 힘이야말로 이들이 살아가는 힘이다.

그리고…… 차라리 '마침내'라고 할까, 연어들은 고향인 강 상류에 다다른다. 그리운 어머니 강의 냄새가 이들을 맞는다.

연어들은 여기서 사랑을 나눌 배우자를 고르고 알을 남긴다. 오로지 이 순간, 이때를 위해 그 길고 힘겹고 고달픈 '죽어감의 여행'을 계속해온 것이다.

암컷 연어가 강바닥을 파서 알을 낳으면 수컷 연어는 정자를 뿌린다. 수컷의 보호를 받으면서 암컷은 꼬리지느러미로 부드럽게 알 옆에 자갈을 대 산란장을 만든다.

연어의 삶은 번식 행위가 끝나면 죽도록 프로그래밍되어 있다. 첫 번식을 하고 나면 연어 수컷은 죽음의 초읽기를 시작하지만, 그래도 목숨이 남아 있는 한 암컷을 계속 찾고, 체력이 바닥나도록 번식 습성을 되풀이한다. 이렇게 수컷의 목숨은 사위어간다.

알을 다 낳은 암컷은 한동안 알을 몸으로 덮어 지키고 있다. 이윽고 그녀 또한 탈진하여 드러눕는다. 고된 여행 끝에 온몸의 힘이 바닥난 것은 아니다. 큰일을 마쳤다는 안도감에 힘이 빠져버린 것도 아니다. 암컷 연어도 번식 행위를 마치면 죽음을 맞이하도록 프로그래밍되어 있는 것이다. 아무 탈 없이 번식 행위를 마치고 나서, 마치 그 운명을 알고 있기라도 했다는 듯이, 연어들은 고요히 드러눕는다.

사람은 죽을 때가 되면, 태어난 이래 살아온 삶이 주마등처럼 눈앞에 스쳐 간다고 한다. 연어들은 어떨까? 그들의 뇌리에 떠오르는 생각은 무엇일까?

고통스럽게, 그러나 만족스럽게, 연어들은 벌러덩 드러누워 있다. 이젠 몸을 지탱할 힘조차 없다. 할 수 있는 거라곤 입을 빠끔빠끔 움직이는 것뿐.

그렇게 연어들은 조용히 죽음을 받아들인다. 고향의 강 냄새에 휩싸여 생애를 마감한다.

차례차례로 숨이 끊어진 연어들을, 졸졸 흐르는 얕은 여울이 부드럽게 어루만진다.

이 작은 강의 흐름이 차츰차츰 모여서 큰 강이 된다. 그리고 그 흐름은 바다로, 난바다로 이어져 있다.

계절이 돌아 봄이 되면 어미가 낳은 알들이 깨어나고, 작은 치어들이 차례차례 앙증맞은 모습을 드러낸다. 강의 상류부엔 큰 물고기도 없기에 치어들에게는 안심할 만한 장소이다. 그 대신, 물이 솟아 나오기만 하는 상류의 물엔 영양분이 적고 새끼들의 먹이가 되는 플랑크톤이 많지 않다.

그런데 연어가 알을 낳은 곳에는 이상하게도 플랑크톤이 풍부하게 생겨난다고 한다. 숨이 끊긴 연어들의 시체는 많은 생명체의 먹이가 된다. 그리고 생명의 순환 활동으로, 분해된 유기물을 먹이로 삼는 플랑크톤이 발생하는 것이다. 이 플랑크톤이 갓 태어난 연약한 치어들이 먹는 최초의 먹거리가 된다. 부모들이 아이들에게 마지막으로 남긴 선물이다.

머지않아 연어의 아이들이 강을 내려가는 날이 올 것이다. 그리고 바다에서 자라난 그들이 이 고향의 강을 그리워하며 귀향길에 오르는 날도 어느덧 찾아올 것이다.

아비도 그 아비도, 어미도 그 어미도 누구나 이 여행을 몸소 겪어왔다. 새끼들도 그 새끼들에게도 이 여행은 이어져갈 것이다.

이렇게 연어의 생명은 순환하고 있다.

그러나 오늘날의 연어들이 직면한 현실은 냉엄하다.

댐 때문에 강 상류부가 바다와 연결되어 있지 않기 일쑤이기 때문이다. 게다가 사람들은 연어를 즐겨 먹는다. 암컷 연어가 밴 알도 인간이 좋아하는 먹거리이다. 그래서 연어들은 강어귀에서 인간들에 의해 일망타진당하다시피 한다. 물론, 깡그리 다 먹어 치워버리면 연어가 사라지기 때문에, 연어를 지키기 위해 배에서 알을 꺼내 인공으로 부화시킨다. 그렇게 태어난 치어가 강으로 다시 방류된다.

연어의 생명은 이어져간다. 그러나 이제 연어에게는 스스로의 힘으로 알을 낳는 것도, 고향의 강에서 죽는 것도, 이루지 못할 머나먼 꿈만 같다.

몸에 피를 듬뿍 채워 넣은 그녀가

무거운 몸을 이끌고 공중으로 윙 날아 오른다.

그러나 온몸이 휘청거려 좀처럼

자세를 바로잡지 못한다. 마음대로 날 수 없다.

그래도 그녀는 날개를 힘껏 펄럭거린다.

자식 새끼를 위해서라면
목숨이라도 내놓는

그녀에게 주어진 사명은 이렇다.

온통 겹겹이 둘러친 방어망을 뚫고 적의 은신처에 깊숙이 침투한다. 그리고 적이 눈치채지 못하게 거대한 적의 몸속 목표물을 빼앗는다. 그것으로 끝이 아니다. 거기서 다시 방어망을 잽싸게 빠져나가 멋지게 탈출하고 무사히 귀환해야만 한다.

이렇게 빡빡한 임무를 완수하는 히로인을 주인공으로 삼는다면, 할리우드 영화 뺨치는 대작이 될 게 틀림없지 않을까.

여주인공은 바로, 우리의 피를 빨아먹기 위해 달려드는 암컷 모기이다.

모기는 암컷만 피를 빤다.

모기는 암컷도 수컷도 평소에는 꽃꿀이나 식물의 즙을 빨아먹고 산다. 참으로 온화한 곤충이다.

그런데 어느 시점에 암모기는 흡혈귀로 돌변한다.

암모기는 알을 위한 영양분으로 단백질이 필요하다. 하지만 식물의 즙만으로는 단백질을 충분히 얻을 수 없다. 그래서 동물이나 인간의 피를 빨지 않으면 안 된다. 밉살스러운 흡혈귀라지만 속내를 보면 자기 자식을 위해 목숨을 거는, 어미의 한결같은 모습이다.

그러면 수모기는?

알을 낳지 않는 수모기는 위험을 무릅써가며 사람이나 동물의 피를 빨아먹을 필요가 없다.

집 밖에서는 수없이 많은 수모기가 떼를 지어 날며 모기 떼를 편성하고 있다. 수모기는 집단으로 날갯소리를 내며 암모기를 불러 모으기 시작하고, 무더기로 몰려온 암모기는 그 안에서 짝을 골라 짝짓기를 한다. 그리고 짝짓기를 마친 암모기는 필사의 각오로 인가(人家)를 향해 날아간다.

모기의 한살이는 짧다.

낡은 양동이나 빈 깡통 같은 것에 아주 적은 물이라도 담겨 있으면 모기는 알을 낳을 수 있다. 암컷이 수면에 슨 알은 며칠 만에 부화해 장구벌레가 됐다가, 한두 주의 짧은 기간에 다 자라 어른벌레가 된다. 얼마 안 되는 물이라도 그 물이 다 마를 때까지 모기는 그곳을 서식지로 삼고 자라서 날아 오를 수 있다. 그리고 암모기는 피를 빨고 알을 낳는다. 모기의 어른벌레는 이 일을 되풀이하면서 운이 좋으면 한 달가량 산다. 모기는 한 해 동안 이 짧은 생명의 사이클을 몇 번이나 되풀이하면서 세대를 갱신해나간다.

주변에서 흔히 보는 모기는 주로 다갈색의 홍모기와, 흑백무늬의 흰줄숲모기이다. 흰줄숲모기는 마당의 덤불 같은 데 흔히 숨어 있고, 각다귀라는 별명으로도 불린다. 홍모기는 한자어 '적가문(赤家蚊, 붉은 집 모기)'이란 이름처럼 과감하게 집 안으로 침입해온다.

인간의 피를 빨아먹는 모기는 참으로 밉살스러운 해충이지만, 한번 모기의 심정이 돼보면 어떨지? 그것도 자식들을 위해 결사의 각오로 인가에 침입하는 모기의 입장 말이다.

맨 먼저, 집 안으로 무단침입한다는 임무부터가 곤란하기 짝이 없다.

집이 활짝 열려 있던 옛날과 달리, 현대의 가옥은 기밀성이 높아 침투 경로가 제한돼 있다. 방충망을 뚫고 들어가거나, 사람이 문이나 창문을 여는 틈을 타 침입하는 정도가 고작이다.

어찌어찌 집 안에 침입할 수 있다 해도, 모기향이나 모기약 같은 덫이 기다리고 있다. 사람에게는 아무렇지도 않지만 작은 모기에게는 생명을 앗아가는 강력한 독가스이다.

방으로 들어가서가 더욱 힘들다.

우선 목표물이 될 인간을 찾아야 한다. 모기는 사람의 체온이나 내쉬는 숨결로 인간의 존재를 감지한다. 여기서부터가 큰일이다. 사람이 선잠이라도 자고 있으면 좋으련만, 안 자고 있으면 눈치채지 못하게 접근해야만 한다. 만에 하나 날다가 발각이라도 됐다가는 사람의 양손에 쫄깃하게 찰싹 맞고 단박에 삶을 마친다. 어떻게든 사람 몰래 살갗에 살짝 착지해 피를 뽑아내야 한다. 당연히 이 모든 흡혈 작업을 아무도 눈치채지 못하게 마무리해야 한다. 그러지 않으면 목숨을 부지할 수 없다.

피를 빨아먹도록 특수하게 진화한 모기에게도 피를 빠는 작업은 결코 간단한 노고가 아니다. 살갗에 착지하는 것만으로도 꽤나 위험한데, 게다가 살갗에 바늘을 찔러야만 한다. 당연히 훤히 보이고, 숨을 곳도 없다.

가까스로 목표물의 살갗에 안착한 한 마리의 모기가, 눈치채지 못하게 목표물의 팔에 바늘 같은 입을 삽입한다.

모기의 입은 바늘 하나라고 생각하기 쉽지만, 사실은 바늘이 여섯 개나 장착돼 있다. 맨 먼저 사용하는 것은 여섯 개 중 두 개이다. 이 바늘들 끝에는 톱날처럼 깔쭉깔쭉한 날이 달렸다. 옛날에 닌자가 건물 안으로 침범해 들어갈 때 '시코로'라는 작은 날을 사용했다는데, 조금은 그런 느낌이랄까? 그러고 보니, 닌자의 세계에도 '구노이치'라는 여성 닌자가 있었다.

암모기는 두 개의 바늘에 달린 날을 메스처럼 사용해 인간의 살갗을 째어간다. 물론 전혀 눈치채지 못하도록.

다른 두 개는 살갗을 열린 상태로 고정하기 위한 것이다. 인간의 수술에서는 벌린 부위를 '개창기(開創器)'라는 기구로 고정하는

데, 마치 그런 느낌이다. 두 개 중 하나는 피를 빨아들이기 위한 것이고, 다른 하나는 침을 혈관 속으로 주입한다. 모기의 침 속에는 마취 성분이 들어 있어서 살갗을 째는 통증을 느끼지 못하게 한다. 마취 성분은 혈액의 응고를 막는 역할도 한다. 만약 침을 주입하지 않으면 빨아들인 피가 모기의 몸속에서 굳고, 모기는 그대로 뻣뻣하게 죽어버리고 말 것이다. 그야말로 목숨을 건 미션이다.

피를 빨아들여 마시는 데에는 아무리 서둘러도 2~3분은 걸린다. 암모기에게는 엄청나게 긴 시간마냥 느껴질 것이다. 도둑에 비유하면, 집주인이 눈치채지 못하게 금고 다이얼을 돌리고 있을 때 같은 심경이랄까. 첩보영화에 비유하면, 적의 아지트에 침입해 호스트 컴퓨터에 로그인하고 데이터를 빼낼 때와 같은 스릴일 것이다. 안 들키게…… 어서, 조금 더…… 조금 더, 더, 더!

가까스로 피를 빨아먹었다 해도 아직 임무가 끝난 게 아니다. 정말로 힘든 건 여기서부터이다.

모기 애벌레인 장구벌레는 물속에 산다. 그래서 암모기는 물 위에 알을 낳아야만 한다. 그런데 수돗물같이 깨끗한 물에는 장구벌레가 먹고살 영양분이 없다. 유기물이 있고 장구벌레의 먹이가 될 만한 플랑크톤이 들끓는 더러운 물이어야만 한다. 암모기는 제가 물을 빨아들여 장구벌레가 자라기 적당한 물인지 먼저 확인하고 나서야 알을 슨다. 그러나 청결한 집 안에 그런 물이 있을 턱 없다. 그래서 이번에는 알을 낳기 위해 집 밖으로 탈출해야만 한다.

이번 이야기의 여주인공 그녀도 피를 무사히 빨아 마셨나보다.

그러나 여기서부터가 드디어 이야기의 후반부이다. 그녀는 성공적으로 탈출하여, 생명체의 가장 중요한 임무인 산란을 완수할 수 있을까?

어쨌든 인가에 침입하기도 어렵지만, 거기서 탈출하기는 더욱 난처하다. 침입할 때는 요행히 방충망의 틈을 발견했다 해도, 탈출하면서까지 아까와 똑같은 틈에 다시 다다를 확률은 제로에 가깝다. 새로운 탈출구를 찾아야만 한다.

요즈음의 집은 당연히 기밀성이 높다. 빠져나갈 틈을 그렇게 쉽게 찾을 수 있으리라고는 도저히 기대하기 힘들다.

그뿐만이 아니다. 모기의 몸무게는 2~3밀리그램이지만, 피를 빨아 마신 뒤에는 몸무게가 6~7밀리그램이나 나간다. 무거운 피를 품고 비틀비틀 날면서, 사람에게 두들겨 맞지 않도록 조마조마하며 귀환해야 한다. 이루 말할 수 없이 무지막지하게 어려운 미션이다.

몸에 피를 듬뿍 채워 넣은 그녀가 무거운 몸을 이끌고 공중으로 웽 날아 오른다. 그러나 온몸이 휘청거려 좀처럼 자세를 바로 잡지 못한다. 마음대로 날 수 없다. 그래도 그녀는 날개를 힘껏 펄럭거린다.

여기서 포기할 수는 없다. 배 속에 새 생명이 깃들어 있는 몸이다. 어떻게든 탈출구를 찾아야…….

'어데 비상구라도 없을까?'

그녀가 공기의 흐름을 어렴풋이 느꼈다. 창문 어딘가에 빈틈이 있나 보다. 만약 영화의 한 장면이라면 살짝 흐뭇한 미소가 클로즈업될 순간이다.

그러나 ―

순간의 기쁨이 한순간의 방심을 가져온 것일까?

"찰싹!"

공기를 가르는 소리.

휘청휘청 나는 모기를 발견하고 누군가 양 손바닥으로 후려친 것이다. 검붉은 피가 철퍼덕 터져 손바닥에 묻었다.

"으아, 징그러워! 손에 피 묻었어!"

인간은 납작하게 짜부라진 그녀의 몸을 티슈로 거칠게 닦아내 쓰레기통에 휙 던진다.

어느덧 해질 녘이다. 집 밖 나무 그늘에서는 모기가 떼 지어 날며 기둥 같은 덩어리를 이룬다.

딱 그만큼씩 땅거미가 진다.

지구에 처음 탄생한 곤충은

날개가 없었을 거라고 추정하는데,

날개를 발달시켜 하늘을 난 최초의 곤충이 바로

하루살이 아닐까 짐작하고 있다.

3억 년을 이어온
하룻날 생명

사람 한평생이 덧없다는 것을 '하루살이 목숨'에 빗대곤 한다.

하루살이는 잠자리를 닮은 곤충이지만, 여느 곤충처럼 시원시원하게 날지 못한다. 나는 힘이 약해 바람에 흩날리듯 공중을 떠다닌다.

공기가 하늘하늘 어른거리듯 보이는 것을 아지랑이라고 말한다. 하루살이의 한자어 '부유(蜉蝣)'는 이 아지랑이처럼 아른아른하고 덧없다 해서 붙여진 이름이라고 한다. 일설에는 흔들흔들나는 모습이 아지랑이처럼 보였기 때문이라고도 한다. 아무튼 연약한 곤충이라는 이미지는 매일반이다.

게다가 이 약하디약한 벌레는 어른벌레가 되고 나서 하루 만에 죽고 말기 때문에, '덧없이 짧은 목숨'의 상징으로 '하루살이 목숨'이라는 말이 생겨났다.

덧없다는 이미지는 다른 나라에서도 마찬가지인가 보다.

하루살이목의 라틴어 학명 '에페메롭테라(ephemeroptera)'는, '하루(ephemer)'와 '날개(pterux)'라는 뜻의 그리스어에서 왔다.

우표나 엽서 등 한 번 쓰고 버리는 일시적 인쇄물을 '이페메라(ephemera)'라고 하는데, 이 역시 '하루'라는 뜻의 그리스어에서 유래했으며, '하루살이같이 찰나적'이라는 뉘앙스를 품고 있다.

이처럼 하루살이는 짧디짧은 명줄의 상징이다. '하루 만에 죽고 만다'는 하루살이의 어른벌레는 실제로 몇 시간밖에 살지 못한다. 짧고 덧없는 목숨이다.

그런데 정말 그럴까?

사실인즉 하루살이는 곤충의 세계에서는 결코 단명하는 생명체가 아니다. 오히려 꽤 장수하는 축에 든다.

하루살이가 어른벌레가 되고 몇 시간 안에 죽고 마는 것은 틀림없다. '하루살이 목숨'이라는 이미지처럼 짧디짧은 목숨이다.

그러나 그것은 어디까지나 어른벌레 얘기이다.

하루살이는 애벌레로 물속에서 몇 년씩이나 지낸다. 애벌레 기간을 정확히 알 수는 없지만, 2~3년은 족히 될 거라 여겨진다. 매미가 굼벵잇적 기간이 꽤 긴 것과 엇비슷하다.

대부분의 곤충은 알에서부터 어른벌레로 자라 죽을 때까지가 수개월에서 1년 이내이다. 그에 비하면 하루살이는 몇 배나 수명이 길다고 해도 좋을 것이다. 우리가 보는 어른벌레는 하루살이의 전 생애에서 보면, 죽기 바로 직전 그 일순간의 자취일 뿐이다.

하루살이 애벌레는 강물 속에 산다. 물살이 있는 강이나 시내에 살기 때문에 흔히 계곡 낚시의 미끼로 쓴다. 그렇게 몇 년 동안 자란 뒤, 여름에서 가을에 걸쳐 날개돋이(우화羽化)하여 하늘을 날게 된다.

그런데 하루살이는 다른 곤충과 비교해 색다른 점이 있다.

흔히 곤충은 애벌레가 날개돋이해 어른벌레로 탈바꿈한다. 그런데 하루살이는 다르다. 애벌레가 날개돋이를 해도 아직 어른벌레가 아니다.

하루살이의 애벌레는 날개가 돋으면 '아성충(亞成蟲)'이라 하여, 어른벌레 전 단계로 탈바꿈한다. 이 아성충은 날개가 있어서 하늘을 난다. 그러나 아성충은 어디까지나 아성충이지 어른벌레가 아니다.

하루살이는 이 아성충의 모습으로 변하고 나서 한 번 더 탈바꿈한 후에야 마침내 어른벌레가 된다. 참으로 기묘한 생태이다.

사실 하루살이는 곤충 진화사에서 꽤 원시적인 유형이다. 곤충의 오랜 진화 과정의 한살이를 오늘날까지 간직하고 있기 때문이다. 지금까지 살아남은 곤충의 진화에 대한 상식으로는 기묘한 생태이다. 하지만 사실은 하루살이의 한살이가 오리지널인 셈이다.

곤충의 진화는 수수께끼로 가득 차 있다.

하여튼 우리 포유류의 조상들이 지느러미를 가진 어류에서 발을 가진 양서류로 진화해 뭍으로 진출하려고 시도를 하고 있을 무렵, 이미 하루살이 무리는 날개를 갖고 요즘처럼 하늘을 날고 있었을 정도이다.

지구에 처음 탄생한 곤충은 날개가 없었을 거라고 추정하는데, 날개를 발달시켜 하늘을 난 최초의 곤충이 바로 하루살이 아닐까 짐작하고 있다.

그로부터 3억 년. 하루살이는 지금도 변함없는 모양새를 하고 있으니 대단하다. '살아 있는 화석'인 셈이다. 살아남는 것이 승자라는 진화의 생존 게임에서, 하루살이야말로 최강의 생물 가운데 하나인 것이다.

그건 그렇다 치고, 하루살이는 어떻게 3억 년 동안이나 냉혹한 생존 경쟁에서 살아남을 수 있었을까?

'덧없는 목숨붙이'라는 데 그 비밀이 있다.

하루살이에게 '어른벌레'라는 시기는 자손을 남기기 위한 마지막 단계에 불과하다. 어른벌레가 된 하루살이는 먹잇감을 잡아먹지 않는다. 그러긴커녕 먹이를 먹을 입조차 퇴화해 온데간데없이 사라져버렸다. 애초부터 먹이 사냥이 불가능한 것이다.

하루살이에게는 먹이를 먹고 자신의 목숨을 부지하는 것보다도, 자손을 남기는 쪽이 더 중요하다.

날개 달린 어른벌레가 쓸데없이 오래 살다보면, 자손을 남기기도 전에 천적에게 잡아먹히거나 사고로 죽어버릴 위험성이 높아진다. 제아무리 오래 살아도 자손을 남기지 못한다면 아무 의미가 없다. 그러나 하루살이처럼 어른벌레 기간이 짧으면, 자손을 남긴다는 목적을 이루기가 쉬워진다. 하루살이에게도 '천명(天命)'이 있다면, 하루살이 성충이야말로 천명을 다하기 위해 명줄을 짧게 누리고 있는 것이다.

한들한들 나는 것 말곤 할 수 있는 게 없는 하루살이는 천적으로부터 도망칠 힘도, 몸을 보호할 깜냥도 없다.

그런 하루살이목 중에서 큰 무리를 짓는 종이 있다. 그것도 조그마한 크기가 아니다. 무더기로 크나큰 떼를 짓는다.

저녁때가 되면 하루살이들 여럿이 한꺼번에 날개돋이하여 어른벌레로 대발생한다. 일본에서 화제에 오른 대발생의 예로 '오오시로 하루살이'가 있다. 그 규모가 장난이 아니다. 하늘을 나는 하루살이 떼가 흡사 종이 눈보라 같아 보일 정도이다. 시야가 흐려져 도로에서는 추돌사고가 일어나거나 통행금지가 되기도 한다. 전철이 멈춰 교통이 마비되기까지 한다. 이렇게 인간의 일상생활에 영향을 미칠 만큼 큰 떼로 발생한다.

하루살이는 해가 기울고 사위가 어둑어둑해질 무렵에 맞춰 날개돋이를 시작한다. 저녁이 다가오는 석양 무렵에 발생하는 것은 곤충의 천적인 새를 피하기 위해서이다.

하루살이가 지구에 출현한 머나먼 옛날에는 조류가 출현할 기미도 없었다. 새가 보금자리로 돌아가는 시간대에 날개돋이하는 것은 기나긴 진화의 역사 속에서 하루살이가 얻은 지혜이다.

그러나 저녁때 나타나는 천적도 있다. 박쥐이다. 어마어마한 하루살이 떼는 박쥐에게 맛난 먹거리이다. 박쥐들은 미칠 듯이 기뻐 날뛰며 하루살이를 차례차례 포식한다. 그러나 대량으로 발생한 하루살이를 포식자들이 모조리 먹어 치울 수는 없는 노릇이기 때문에, 많은 하루살이가 살아남을 수 있다. 바로 이것이 하루살이의 작전이다. 크나큰 무리를 짓는 것은 박쥐에게 깡그리 다 잡아먹히지 않기 위한 고도의 생존 전술이었던 셈이다.

어떤 것은 먹히고 어떤 것은 살아남고, 그러면서 하루살이들은 떼를 지어 연거푸 춤춘다. 이 큰 떼 안에서 수컷과 암컷이 만나고 짝짓기를 한다. 수컷이 긴 팔로 암컷을 낚아채 합체를 한다.

그러나 이 짝짓기 파티에 허락된 시간은 한정되어 있다. 하루살이 어른벌레에게 주어진 수명은 한순간이다. 신데렐라 무도회처럼 째깍째깍 시계가 가고, 이윽고 종이 울리면, 마법이 풀리듯 하루살이들은 이 세상에서 사라져버린다.

제한된 시간 속에서 하루살이들은 딱 하루만의 결혼비행으로 짝짓기를 벌인다. 하루살이에게 '어른벌레' 단계란 자손을 남기기 위한 통과의례일 뿐이다.

짝짓기를 마친 수컷들은 천명을 다했다는 흐뭇함 속에 삶을 마감한다. '하루살이 목숨'이라는 말 그대로 허무하게, 숨죽인 듯 조용히, 생명의 불꽃이 꺼져간다.

반면에 암컷들은 아직 죽을 수 없다. 암컷들에게는 중대한 사명이 남아 있다. 강의 수면에 사뿐히 앉아 물속에 알을 낳아야만 한다. 재빨리 알을 슬지 못하면 곧 목숨이 지고 만다. 밤은 시시각각 깊어만 간다. 시간과의 혈투이다.

강에 무사히 착수했다 해도 암컷에게는 한숨 돌릴 짬마저 없다. 물고기들에게 물낯 위 하루살이들은 포식하기에 딱 좋은 대량의 진수성찬이다. 하루살이들이 무더기로 착수하자 물고기들이 미친 듯이 기뻐한다. 입만 벌리고도 하루살이를 맘껏 맛본다.

그렇게 어떤 것은 먹히고, 어떤 것은 살아남는다.

운수 좋게 살아남은 암컷들은 물속에 새로운 생명을 낳는다. 알은 물속으로 고이 가라앉는다.

새 생명을 마지막까지 지켜본 하루살이들은, 불현듯 생명의 날개를 꺾는다. 자손을 남겼다! 안도의 한숨을 쉬고, 어른이 된 지 하루 안짝에 죽는다. 하루살이의 한살이란 그런 것이다.

이 얼마나 덧없는 생명체인가. 이 얼마나 속절없는 목숨붙이란 말인가.

숨이 멎은 암컷의 시쳇더미 역시 물고기들에게는 안성맞춤 먹거리이다. 물고기들의 풍성한 음식 잔치는 아직, 아직 끝날 듯싶지 않다.

잔혹한 시간이 다 지나면 잔치도 끝이다. 하루살이의 어른벌레는 몇 시간밖에 살지 못한다. 밤이 깊으면, 짝짓기를 마치고 흐뭇함에 푹 젖은 수컷들도, 수면까지 다다르지 못한 암컷들도, 짝짓기에 실패한 수많은 어른벌레도, 차례차례 죽어간다.

짧디짧은 목숨이다.

서쪽의 해가 해설피 반짝이고, 이윽고 밤이 이슥해지면, 강 언저리 일대에는 무진장한 하루살이 시체들이 눈보라처럼 바람에 흩날리며 떨어진다. 마치 땅에 쌓인 눈이 바람에 날려 이는 눈보라인지, 혹은 다른 그 어떤 무언가로조차 보이는 풍경은, 이제 하나의 기상 현상이라고 말해도 좋을 정도이다.

이렇게 하루살이의 하루가 끝난다. 참말로 짧은 목숨이다. 덧없는 생명이다.

그러나 이 '하루살이 목숨'이야말로 3억 년이라는 장구한 역사의 흐름 속에서 하루살이들을 진화시켜온 힘이다. 하루살이는 분명 한평생을 흔쾌히 살며 천수(天壽)를 오롯이 누리는 벌레이다.

아무리 짝짓기에 성공해야

자손을 남길 수 있다지만,

수컷의 짝짓기 집념은 살벌할 정도이다.

운수 사납게 암컷에게 잡아먹히는

동종 포식을 당하면서도, 수컷은

결코 짝짓기를 단념하려고 하지 않는다.

암컷에 먹힐지언정
아무튼 짝짓기를

'사마귀 여편네'라는 볼멘소리가 있다. 남자를 쥐고 흔들다 끝내 잡아먹는 악녀라고 사마귀에 빗대어 하는 말이다. 암사마귀는 짝짓기가 끝나면 수컷 사마귀를 잡아먹는다고 알려졌다.

정말일까?

사마귀에게는 흉악한 악당 이미지가 따라다닌다.

그러나 원래 사마귀는 벼농사에 해로운 벌레에게 천적이었다. 농사와 관련한 해충들을 잡아먹었기 때문이다. 그래서 인간은 사마귀를 소중하게 여겼다. 고대에는 제사 때 흔드는 납작구리방울(동탁銅鐸)에 사마귀를 그려 넣곤 했다. 또 사마귀를 '절하는 곤충'이라고도 부른다. 낫같이 생긴 두 앞발을 연신 흔드는 것이 마치 무언가를 비는 듯한 모습이기 때문이다. 무언가 비는 듯한 이 동작을 서양에서는 예언자나 승려에 비유하여 신성한 벌레로 여겨왔다.

그런데 지금은 사마귀 하면 남자를 잡아먹는 이미지가 강하다.

사마귀는 봄에 알에서 부화해 여름 내 자라다가, 여름이 끝날 무렵 짝짓기의 계절을 맞이한다. 이 사랑의 계절이 다가오면 실제로 짝짓기하러 온 수컷을 암컷이 잡아먹는 광경을 관찰할 수 있다. 이 생태를 널리 세상에 소개한 사람이 『곤충기』로 유명한 파브르이다. 파브르의 상세한 관찰로 사마귀의 이 무시무시한 습성이 자세히 밝혀졌다.

사마귀는 움직이는 것이라면 무엇이든 사냥감으로 삼는다. 사마귓과 수컷일지라도 가까이 오기만 하면 우적우적 잡아먹는다.

그래서 수컷 사마귀는 암컷과 짝짓기하려면 빈틈없는 주의가 필요하다. 암컷의 눈에 띄었다간 끝장이다. 들키지 않게 암컷 꽁무니로 살며시 다가가 잽싸게 등에 올라타야 한다. 목숨을 건 짓이나 진배없다.

목숨줄이 아깝다고 암컷에게 다가가지 않을 수도 없는 노릇이다. 수컷은 짝짓기에 성공해야만 자손을 남길 수 있기 때문이다. 그래서 수컷은 죽을 각오로 암컷에게 다가가 냅다 올라탄다.

반면에 암사마귀는 수컷과 달리 짝짓기에 대한 집착이 별로 없어 보인다. 오히려 건강한 알을 낳기 위해, 식욕이 성욕보다 더 강한 듯하다.

암컷은 짝짓기하는 동안에도 몸을 비틀며 큰 겹눈이 달린 삼각형 머리를 연거푸 뒤로 돌린다. 가시가 있는 크고 기다란 앞다리로 어떻게든 수컷을 잡아 뜯어 먹으려고 안달복달한다. 수컷은 요령껏 피한다. 그러면서 정열적인 사랑을 불태운다. 설혹 짝짓기를 마치지 못한 채 잡히기라도 했다간 암컷의 배만 채워주는 먹거리가 될 뿐이다.

다만, 수컷 사마귀가 암컷에게 잡아먹히는 일이 실제로는 그다지 많지 않은 듯하다. 수컷이 암컷에게서 성공적으로 도망쳐 살아남는 경우가 더 많다. 어떤 조사에 따르면 수컷이 암컷에게 잡아먹히는 비율은 10~30퍼센트가량이라고 한다. 그만큼의 비율일망정 수컷은 늘 암컷에게 잡아먹혀버릴 위험성이 있다.

아무리 짝짓기에 성공해야만 자손을 남길 수 있다지만, 수컷의 짝짓기 집념은 살벌할 정도이다. 운수 사납게 암컷에게 잡아먹히는 동종 포식을 당하면서도, 수컷은 결코 짝짓기를 단념하려고 하지 않는다. 식욕이 왕성한 암컷은 짝짓기의 절정에도 낚아챈 수컷의 몸을 게걸스럽게 먹어 치운다. 수컷의 행동이 더 경악스럽다. 머리부터, 암컷의 입속으로 빨려들어갈 새에도 아랫도리는 쉴 새 없이 '임무'에 열중하는 것이다. 수컷의 머리를 뜯어 먹으면 수컷이 도망가고자 하는 신경중추의 명령이 사려져서 짝짓기에 더욱 집중할 수 있다고 한다.

수컷 사마귀에게는 짝짓기가 곧 '죽어감'인데도…….

이 무슨 집념이란 말인가! 이토록 치명적인 사랑이 따로 있기나 할까!

그리고 이 얼마나 장렬한 마지막 순간인가!

수컷을 잡아먹는 암사마귀는 정말로 잔혹한 존재일까?

그리고 사마귀 수컷은 정말로 비참한 존재일까?

암사마귀에게는 알을 낳는 것 또한 장렬한 일이다. 알을 낳기 위해서는 풍부한 영양이 절실하다. 암컷이 잡아먹는 수컷은 더할 나위 없이 좋은 영양원이 된다. 실제로 수컷을 먹은 암컷은 평소보다 두 배 이상의 알을 낳는다. 수컷의 몸뚱이 그 자체가 함(函)이거나 결혼 선물인 셈이다.

물론 수컷은 암컷으로부터 확실하게 도망칠 수 있다면 짝짓기 기회를 더 늘릴 수 있다. 그러나 동종 포식을 당하면서도 사마귀 무리의 자손 번창에 이바지하는 게 수컷의 임무라면, 암컷에게 잡아먹혀 사라지는, 황망한 죽음도 결코 헛된 품만은 아닐 것이다.

어쨌든 안테키누스에게 허용된

번식 기간은 두 주뿐이다.

이것은 생애를 통틀어 단 한 번밖에 없는

마지막 기회이다.

보름 동안,
온종일 하는 짓이라곤

이들은 무엇을 위해 살까?

안테키누스(antechinus)는 호주에 사는 주머니쥐의 일종이다. 몸길이 10센티미터가량이고 작은 쥐처럼 생겼으며, 캥거루처럼 새끼주머니가 있는 유대류(有袋類)이다. 유대류는 미숙한 태아를 낳고 새끼주머니 안에 넣어 키우는 포유류이다.

한편 일반적인 젖먹이동물은 유태반류(有胎盤類)라고 한다. 태반이 발달해 새끼를 어미 배속에서 충분한 크기까지 키운 뒤 낳는다. 유대류와 유태반류는 본디 공통의 조상을 가졌으나 1억 2,500만 년 이상 전에 갈라져 제각기 진화했다.

세계 곳곳에서 유태반류가 여러 환경에 적응하면서 갖가지 종으로 진화한 것처럼 호주 대륙에서는 유대류가 다양하게 진화해 왔다.

예를 들어 유태반류에 고양이가 있다면, 유대류에는 주머니고양이가 있다. 또 유태반류 늑대에 대응하는 유대류 주머니늑대, 두더지에 대응하는 주머니두더지, 하늘다람쥐에 대응하는 주머니하늘다람쥐 등이 있다. 유태반류도 유대류도 환경에 적응하며 엇비슷한 진화를 한 셈이다. 덧붙여 유대류인 캥거루는 유태반류의 사슴, 유대류인 코알라는 유태반류의 나무늘보와 비슷하다.

안테키누스는 유태반류의 쥐와 꽤 비슷하다.

쥐는 약한 생명체로 이런저런 포식동물들의 먹잇감이다. 그래서 쥐는 1년가량의 짧은 생애 동안에 많은 새끼를 낳는 생존전략을 취했다.

안테키누스도 쥐와 같은 전략이다.

안테키누스도 수명이 짧다. 암놈 수명이 2년가량이다. 수놈의 생명은 더 짧아 1년이 채 안 되는 것으로 알려져 있다.

안테키누스의 일생은 바쁘다.

안테키누스는 태어나서 열 달이 지나면 다 자라 생식 능력을 갖춘다. 성에 눈뜬 어른이 되는 것이다. 인간이 스무 살에 어른이 된다면 태어나서 그때까지 240개월이 걸리는 셈이니까, 안테키누스는 인간보다 24배나 빨리 어른이 된다.

안테키누스는 겨울 끝자락의 2주가량이 번식기이다. 독특하게도 어른이 된 안테키누스 수컷은 암컷을 발견하는 족족, 차례차례 한 놈 한 놈씩 짝짓기를 이어간다.

포유류 암컷은 좋아하는 수컷을 몹시 까다롭게 고르는 예를 많이 볼 수 있다. 한 번에 낳을 수 있는 새끼 수가 제한된 포유류에게는 얼마나 뛰어난 수컷의 유전자를 자식에게 물려줄 수 있는가가 중요하다.

그래서 짝짓기 상대인 암컷을 둘러싸고 수컷들끼리 싸워, 강한 수컷만이 암컷과 짝짓기하는 규칙을 가진 동물도 적지 않다.

그런데 희한하게도 안테키누스 암컷은 아무 수컷이나 짝짓기 파트너로 받아들인다고 한다. 아마 그만큼 자손을 남겨 번식하기가 어렵다는 이야기가 아닐까. 까탈스럽게 가리며 고를 여유가 없는 것이다.

물론 수컷도 암컷을 가리지 않는다. 닥치는 대로, 마구라고 말하면 얄망궂을지 몰라도, 수컷도 암컷을 만나는 족족, 차례차례 짝짓기를 되풀이한다.

강한 수컷만이 후손을 남길 수 있다는 동물 세계의 법칙이 자연을 지배하기에, 수컷은 몸집을 키우고 투쟁 능력을 높여간다. 그러나 안테키누스에게 '강함'이란 아무런 의미가 없다. 어떤 수컷이라도 암컷이 받아주기 때문에, 조금이라도 많은 암컷과 짝짓기하는 수컷이 더 많은 새끼를 남길 수 있다. 짝짓기를 더 많이 할수록 강한 자이다. 그렇다면 빠른 자가 승리한다. 안테키누스는 다른 수컷과 싸우고 있을 짬이 없다.

다른 동물들은 경쟁자와 겨루며 배우자를 고르고, 달콤한 울음소리나 살가운 행동으로 사랑을 키우고 열매를 맺는다. 그러나 안테키누스의 수컷은 연애니 사랑이니 하는 말은 일절 없이 그저 짝만을 끊임없이 찾아다니며 짝짓기를 하고, 또 다음 상대를 찾는 일을 되풀이하는 데 여념이 없다.

　그러는 것도 무리는 아닐 성싶다. 어쨌든 안테키누스에 허용된 번식 기간은 불과 두 주뿐이기 때문이다. 안테키누스에게 이것은 생애를 통틀어 단 한 번밖에 없는 마지막 기회이다. 이 기간이 지나면 수컷은 목숨줄이 끊긴다. 그래서 안테키누스 수컷은 이 번식기에 자지도 않고 쉬지도 않은 채 끊임없이 암컷을 찾아 헤매며, 오로지 짝짓기에만 과도하게 몰입한다.

　온종일 '차례차례, 닥치는 대로'라니, 들뜬 바람둥이를 상상하며 부럽다고 생각하는 남정네들도 있을지 모르나, 실상은 그렇게 달콤하지 않다. 안테키누스의 성생활은 장렬한 생리이기 때문이다. 수컷은 주구장창 짝짓기만 하는 탓에 몸속의 남성 호르몬 농도가 지나치게 높아져서 스트레스 호르몬 또한 급격히 증가한다. 이 때문에 체내 조직은 손상을 입고 생존에 필요한 면역 체계도 무너져버린다. 털이 빠지고 눈이 보이지 않을 수조차 있다. 그런데도 수컷은 자신의 몸을 돌보지 않고 짝짓기 궁리만 하다, 어느덧 몸도 너덜너덜해진다. 그래도 짝짓기를 그만둘 생각일랑 당최 없다. 숨이 붙어 있는 한 주야장천 하는 짓이라곤 정말로 짝짓기뿐이다.

　이윽고 두 주간의 번식기도 끝물이다. 수컷 안테키누스는 온

기력이 다 사그라져 기진맥진한 채 쓰러져간다. 그리고 한 놈 한 놈씩 생을 마감한다. 이 얼마나, 무어라 형언할 수 없이 장렬한 죽음인가. 이 무어라 빗댈 수 없이 유별난 생애인가.

이에 반해 암컷은 사뭇 다르다. 출산을 해야 하는 암컷이 짝짓기를 되풀이한다고 해서 새끼 수가 늘어나는 것은 아니다. 목숨을 걸면서까지 짝짓기를 재탕하는 짓을 할 필요가 없다. 암컷에게는 새끼를 낳고, 또한 키워야 하는 너무나 중요한 임무가 남아 있기 때문이다.

생물의 진화를 돌이켜보면, 수컷이라는 성(性)은 암컷이 '번식'을 보다 더 효율적으로 할 수 있도록, 이용하기 위해 생겨났다. '남자'란 애초부터 이렇듯, 가련한 생명체이다. 안테키누스 수컷들은 그 운명을 받아들이고, 임무를 완벽하게 수행한 뒤 숨을 거둔다. 그야말로 '수컷 중의 수컷' 아닌가.

성욕에 빠진 오입쟁이라고 깔볼 수도 있다. 짝짓기를 지나치게 많이 하는 동물이라고 바보 취급하며 소개하기도 한다.

그러나 천지를 창조한 하느님만은 알고 계신다. 생물학적으로는, 그놈들이야말로 '상남자 중의 상남자'라는 것을.

제 한 몸의 죽음과 맞바꾸어 '미래'라는 씨앗을 남기는 안테키누스 수컷.

'무엇을 위해 사는가?'

고뇌하는 우리에게 안테키누스 수컷은 '다음 세대를 위해 산다'며, 산다는 것의 '간결'한 의미를 알려주고 있다.

깊은 바다 밑에, 인간이 모르는 목숨붙이의 삶이 있다.

그 깊은 바다 밑에서 초롱아귀 수컷의 몸은

고이고이 사라져가고, 그 생명도 조용히 끝나간다.

암컷의 끈으로서만, 생식의 도구로서만 살아온

초롱아귀 수컷에게 '산다'는 것은 어떤 의미일까?

평생 헤어지지 않는
짝이 있다면

"우리, 죽을 때까지 함께 살아요."

"네, 평생 헤어지지 말아요."

여자들 귀에 달콤한 말을 속삭이는 세상 남자들은 과연 얼마만큼의 각오가 되어 있는 것일까?

초롱아귀는 어둡고 깊은 바다 밑에 사는 심해어이다. 빛이 닿지 않는 캄캄한 바다 밑에서, 머리부터 가늘게 뻗은 촉수 끝에 붙어 있는 발광기를 은은히 밝혀 작은 물고기를 불러들여서 포식한다. 이 발광기는 초롱불을 켜고 있는 것처럼 보인다. 그래서 초롱아귀라는 이름이 붙었다.

심해에 서식하는 초롱아귀의 생태는 아직도 수수께끼에 싸여 있다. 도대체 어떤 생활을 하고 있는지, 얼마나 오래 사는지, 모든 것이 수수께끼이다.

한번은 초롱아귀의 사체를 조사할 때, 초롱아귀의 거대한 몸에 붙은 작은 벌레 같은 생물이 발견되었다. 이상하게도 그 작은 벌레 같은 생물의 사체는 초롱아귀 몸통의 일부처럼 한몸이 되어 있었다. 이 기묘한 생명체가 처음에는 기생충인가 싶었다. 하지만, 조사가 진행되면서 화들짝 놀랄 만한 사실이 밝혀졌다. 기생충처럼 몸에 붙어 있는 자디잔 생물이, 다름 아닌 초롱아귀의 수컷이었던 것이다.

물고기의 세계에서는 암컷이 더 큰 경우가 드물지 않다. 덩치가 커야 더 많은 알을 낳을 수 있기 때문이다. 아무리 그래도 초롱아귀 수컷과 암컷의 크기는 너무 차이가 컸다. 암컷은 몸길이가 40센티미터까지 자라는 반면에, 수컷은 불과 4센티미터밖에 안 된다.

이래서는 얼핏 같은 종류의 물고기라고 생각하기 힘들다. 처음 발견한 사람이 기생충으로 잘못 본 것도 무리가 아니다.

초롱아귀 수컷의 기묘함은 크기가 작다는 데 그치지 않는다. 생태도 이상야릇하다.

초롱아귀 수컷은 암컷의 몸에 찰싹 들러붙어, 흡혈귀처럼 암컷의 몸에서 혈액을 흡수하고 영양분을 물려받으며 산다. 정말이지 기생충이나 다름없는 존재이다.

작은 초롱아귀 수컷은 암컷이 켠 빛에 의지해 암컷 초롱아귀를 찾아낸다.

어둠에 휩싸인 어둑어둑한 바다 밑에 사는 초롱아귀 수컷에게 암컷을 찾아내는 일은 쉽지 않고, 설사 찾아낸다 해도 캄캄한 바다 밑에서는 흐트러짐 없이 헤엄치는 게 무척 어렵다. 그래서 암컷의 몸에 아예 유착해버린 것이다.

만남의 기회가 한정되기는 암컷도 마찬가지이다. 간신히 만난 작은 수컷에게 영양분을 나눠주는 한이 있더라도 계속 곁에 머물게 해주는 쪽이 자손을 남기는 데 유리하다. 초롱아귀는 이렇게 확실하게 후손을 남길 수 있도록, 수컷이 암컷에게 달라붙어 동화한 짜임새를 발달시켰다. 그러니까 초롱아귀 수컷은 암컷이 달고 키우는 '끈' 같은 존재이다.

그렇다 해도 초롱아귀 수컷의 끈 생활은 처절하다.

암컷 몸에 달라붙은 수컷은 암컷에게 이끌려 다니면 그만이고 스스로 헤엄을 칠 필요가 없다. 그래서 헤엄을 치기 위한 지느러미는 소실되고, 먹이를 찾기 위한 눈조차도 잃어버렸다. 그뿐만이 아니다. 암컷의 몸으로부터 수컷의 몸으로 피가 흐르니까 먹이를 잡아먹을 필요도 없어져 내장도 퇴화했다.

그렇게 암컷의 몸에 동화되는 과정에서 자손을 남기기 위한 정소(精巣)만을 기형적으로 발달시켰다. 수컷에게 가치 있는 것이라곤 음낭뿐이라는 듯이, 오로지 정자를 만들기 위한 도구로만 전락해버린 격이다.

초롱아귀 수컷은 수정을 위해 정자를 방출해버리고 나면 무용지물이다. 이미 지느러미도 눈도 내장도 없는 몸뚱이니 말이다. 그렇게 "죽을 때까지 함께"를 약속한 수컷은 조용히 암컷의 몸과 일체가 된다.

깊은 바다 밑에, 지상의 빛이 닿지 않는 세계가 있다.

깊은 바다 밑에, 인간이 모르는 목숨붙이의 삶이 있다.

그 깊은 바다 밑에서 초롱아귀 수컷의 몸은 고이고이 사라져가고, 그 생명도 조용히 끝나간다.

암컷의 끈으로서만, 생식의 도구로서만 살아온 초롱아귀 수컷에게 '산다'는 것은 도대체 어떤 의미일까? 남정네의 삶치곤 꽤 한심하다고 생각할지 모르겠다.

그런데 그렇지 않다. 생명의 진화를 돌이켜보면, 생물은 효과적으로 후손을 남길 수 있도록 수컷과 암컷이라는 성(性)의 얼개를 짜냈다.

새끼를 낳는 건 암컷이다. 그리고 수컷은 암컷의 번식을 보완하는 존재로 만들어졌다. 애초에 모든 생물에게 수컷이란, 암컷이 어린것을 남길 수 있도록 도와주는 파트너일 뿐이다. 오해를 무릅쓰고 말하자면, 생물학적으로 모든 수컷은 암컷에게 정자를 주기 위한 존재에 불과하다. 이것이 초롱아귀 수컷이 살아가는 방식이다.

빛이 닿지 않는 어두운 바다 밑에서, 수컷은 암컷에게 빨려들어가듯이, 녹아들듯이, 이 세상에서 사라져간다.

수컷 문어들의 싸움은 장렬하다. 격앙된 수컷은

자신의 몸을 감추기 위해 어지럽게, 거칠고 울퉁불퉁한 피부로

몸 색깔을 바꾸면서 상대 수컷에게 막무가내로 덤벼든다.

발이나 몸통이 떨어져 나갈 정도의,

그야말로 목숨을 건 전투이다.

생애 단 한 번뿐인
치명적 사랑

'문어 엄마'라고 하면 왠지 유머러스하고 익살스러운 느낌이다.

이미지란 무서운 것이다. 문어 하면 커다란 머리통에 수건 따위를 머리띠처럼 두른 듯한 이미지가 맨 먼저 떠오른다. 하지만 큰 머리로 보이는 것은 머리가 아니라 몸통이다.

미야자키 하야오 감독의 애니메이션 〈바람계곡의 나우시카〉에 '오무(王蟲)'라는 기괴한 생명체가 나온다. 오무는 몸통 전반부에 앞으로 가기 위한 다리가 있고, 다리의 밑동 가까이에 눈 달린 머리통이 있고, 그 뒤에 거대한 몸뚱어리가 있다.

사실 문어도 이 오무 같은 몸의 얼개를 갖추고 있다. 문어는 두족류(頭足類)이기 때문에 문자 그대로 머리에 발이 달렸다. 자유롭게 움직이는 여덟 개의 다리는 머리 아래에서부터 방사형으로 뻗어 있으며 한가운데에 입이 보인다. 발목과 연결된 머리 뒤에는 큰 몸통이 있다. 턱에는 앵무새 부리를 닮은 부리가 있다. 이 부리는 게나 가재의 갑각도 뚫을 만큼 강력하다. 다만, 문어는 앞으로 나아가는 것이 아니라 뒤쪽으로 제트 분사기처럼 물을 분출해 잽싸게 헤엄쳐간다.

문어는 무척추동물 중에서는 높은 지능을 갖고 있고, 자식 사랑이 끔찍해 육아를 하는 생물로도 알려져 있다.

바다생물 중에는 육아에 전념하는 생명체가 많지 않다. 먹느냐

먹히느냐, 약육강식의 바다 생태계에서는 아비 어미가 새끼를 지키려고 해도 더 강한 포식자에게 부모 자식이 함께 먹혀버릴 수 있다. 그래서 새끼를 손수 키우느니 알을 조금이라도 더 많이 남기는 쪽이 유리하다.

어류에는 낳은 알이나 치어를 돌보는 것들도 있다. 육아를 하는 물고기는 특히 민물고기나 연안의 얕은 바다에 서식하는 종이 많다. 좁은 수역에서는 적과 맞닥뜨릴 가능성이 높은 대신 지형이 복잡해 숨을 장소를 많이 찾을 수 있다. 그 때문에 부모가 알을 지켜줘 알의 생존율이 높다. 반면에, 광활한 바다에서는 부모 물고기가 숨을 만한 곳이 제한돼 있다. 어설프게 숨어 있다가 적에게 먹히느니, 차라리 큰 바다에 무진장한 알을 흩뿌리는 쪽이 더 낫다. 육아를 한다는 것은, 알이나 새끼를 지킬 만큼 힘이 있다는 뜻이다.

또 어류는 암컷이 아니라 수컷이 육아를 하는 사례가 압도적으로 많다. 수컷이 새끼를 키우는 이유는 명확하지 않다. 다만, 물고기에게는 알의 수가 중요하므로 암컷은 같은 에너지라도 육아보다는 조금이라도 알의 수를 늘리는 데 쓰는 편이 낫다. 그래서 암컷 대신 수컷이 육아를 하는 것으로 짐작할 뿐이다.

하지만 문어는 암컷이 알을 돌본다. 문어는 어미가 육아를 하는, 바다에서는 보기 드문 목숨붙이이다.

문어의 수명은 분명치 않지만, 1년에서 몇 년까지 사는 것으로 여겨진다. 그리고 문어는 그 일생의 마지막에 딱 한 번만 번식한다. 문어에게 번식은 생애의 최후에 벌이는 가장 큰 이벤트이다.

문어의 번식은 수컷과 암컷의 맞선으로 시작한다.

수컷 문어는 극적이고 달콤한 분위기로 암컷에게 구애를 펼친다. 여러 수컷이 일제히 암컷에게 사랑을 갈구하기도 한다. 이때 암컷을 놓고 수컷들은 툭 튀어나온 눈을 부라리며 격렬하게 싸운다.

수컷끼리의 싸움은 장렬하다. 아무튼 번식은 생애에서 딱 한 번뿐인 최후의 행사이니까 말이다. 이때를 놓치면 더는 후손을 남길 기회가 없다. 격앙된 수컷은 자신의 몸을 감추기 위해 어지럽게, 거칠고 울퉁불퉁한 피부로 몸 색깔을 바꾸면서 상대 수컷에게 막무가내로 덤벼든다. 발이나 몸통이 떨어져 나갈 정도의, 그야말로 목숨을 건 전투이다.

이 목숨을 건 싸움에서 승리한 수컷이 다시 암컷에게 구애하고, 암컷이 받아들이면 커플이 된다. 서로 사랑하는 두 마리의 문어는 흡입력이 강한 여덟 개 다리의 빨판으로 강렬하게 포옹하며 생애 단 한 번뿐인 짝짓기를 한다. 문어들은 애지중지한 그 시간을 아까워하듯이, 천천히 아주 천천히 몇 시간을 들여, 그러나 맹렬하게 합방한다. 짝짓기가 끝나자마자 수컷은 기력이 다해 생을 마감한다. 수컷은 짝짓기를 마치면 명줄이 끊기도록 생의 프로그램이 짜여 있는 것이다.

홀로 된 암컷에게는 중요한 대업이 맡겨져 있다.

암컷 문어는 바위틈 따위에 달라붙도록 알을 낳는다.

여느 바다생물이라면 이것으로 모든 임무가 끝난다. 그러나 암컷 문어 앞에는 장절(壯絶)한 육아가 기다리고 있다. 암컷은 알이 무사히 부화할 때까지 계속 보금자리에서 알을 지켜낸다.

알이 부화하기까지의 기간은 참문어(돌문어)가 한 달, 차갑고 깊은 바다에 사는 피문어(대왕문어)는 알의 발육이 늦어서 그 기간이 여섯 달에서 열 달까지 이른다고 알려져 있다.

그만큼 오랫동안 암컷은 알을 지키는 것이다. 정말로 어미의 지극한 사랑이라고밖에 표현할 수 없다. 이 사이에 암컷은 절대로 먹잇감을 잡지 않고, 단 한 순간도 떨어지지 않고 계속 알을 품는다.

'조금만', 얼마 안 되는 짬이라도 있으면 보금자리를 떠나도 좋으련만, 어미 문어는 그런 일은 결단코 하지 않는다. 위험이 곳곳에 도사린 바다에서는 한순간의 방심도 허용되지 않는다.

물론 보금자리에 가만히 머물러만 있는 게 아니다. 어미 문어는 때때로 알을 어루만지고, 알에 묻은 쓰레기와 곰팡이를 걷어내고, 물을 뿜어 알 주위에 괸 물을 신선한 물로 바꾼다. 이렇듯 알에 애정을 내리 쏟아붓는다.

먹이를 입에 대지 않는 어미 문어는 점차 체력이 쇠약해간다. 알을 노리는 천적들은 호시탐탐 빈틈을 엿본다. 또 깊은 바다에서 은신처가 되는 바위 지대는 귀하기 때문에, 은신처를 찾아 보금자리를 빼앗으려는 고얀 놈들도 있다.

산란을 위해 다른 문어의 보금자리를 빼앗아 차지하려는 괘씸한 문어도 있다.

그때마다 어미는 온갖 힘을 쥐어짜 보금자리를 지킨다. 점차 쇠잔하고 힘이 다 떨어져가면서도 알에게 위기가 닥치면 분연히 맞서는 것이다.

이렇게 나날이 훌쩍훌쩍 흘러간다.

그리고 마침내, 그날이 다가온다.

알에서 자그마한 문어 새끼들이 태어난다.

어미 문어가 난막(卵膜)에 부드럽게 물을 뿌려 새끼들이 알을 깨고 밖으로 나오게 돕는다는 이야기도 있다.

알을 계속 지켜온 암컷 문어에게는 이제 헤엄칠 힘이 남아 있지 않다. 발을 움직일 근력조차 없다. 새끼들의 부화를 마지막까지 지켜본 어미 문어는 안도한 듯이 가로누워 힘이 다해 죽어간다.

이것이 어미 문어의 죽어감, 그 마지막 시간이다. 그리고 어미 자식이 헤어지는 순간이다.

작은 알을 많이 낳는 전략과

큰 알을 적게 낳는 전략.

어느 쪽이 더 많은 후손을 남길 수 있을까?

아무 탈 없이
어른이 될 수 있다면

가끔 모래벌판에 개복치의 사체가 밀려왔다는 뉴스가 나온다.

개복치가 해변과 가까운 곳에서 헤엄을 치다 파도에 휩쓸려버린 것이다.

개복치는 3억 개의 알을 낳는 바닷물고기라고 한다. 정확히는 개복치의 난소에서 3억 개 이상의 미성숙란이 발견됐다는 이야기가 진짜고, 한 번 산란으로 3억 개의 알을 낳는 건 아닌 듯하다.

그러나 여하튼 어마어마한 수의 알을 낳는 건 틀림없다.

생명체가 자손을 남기는 전략에는, 작은 알을 많이 낳는 선택지와, 수는 적지만 큰 알을 낳는 선택지가 있다.

얼핏 알을 많이 낳는 게 좋을 것 같지만, 어미가 알을 낳는 일에 배분할 수 있는 자원에는 한계가 있다. 알의 수가 많아지면 하나하나의 알은 작아질 수밖에 없다. 알이 작으면 그 알에서 태어난 새끼도 작아지니까 새끼의 생존율은 낮아진다.

그럼 알의 수를 적게 하면? 알의 수가 적으면 각각의 알의 크기를 키울 수 있기 때문에 생존율이 높은 큰 새끼를 남길 수 있다. 그러나 새끼의 생존율이 높아진다 해도 원래의 새끼 수가 적기에 결과적으로 살아남는 새끼의 개체 수도 많지 않다.

작은 알을 많이 낳는 전략과 큰 알을 적게 낳는 전략, 어느 쪽이 더 많은 후손을 남길 수 있을까?

어느 쪽이 유리할지는 당연히 그 생명체가 놓인 환경 조건에 따라 다르다. 모든 생물은 이 두 가지 선택지 사이를 오가면서 각기 제 나름의 전략을 발달시켜왔다.

인류를 포함한 젖먹이동물은 후자 쪽 전략을 철저하게 발달시키고 있다. 많은 포유류가 새끼를 한 해에 한두 마리씩만 낳는다. 많아 봐야 한 번 출산에 몇 마리밖에 안 된다.

게다가 포유류가 낳는 새끼는 새나 물고기처럼 알이 아니다. 알을 어미 태내에서 부화시켜 태아로 애지중지 키우고, 심지어 낳은 아이를 보살피기까지 한다. 이렇게 적은 수의 자손을 낳아 생존율을 치밀하게 높이는 전략이다.

한편 물고기는 젖먹이 동물과 반대로, 많은 알을 낳는 전략이다. 그중에서도 개복치는 많은 알을 낳는 생물로 첫손가락 꼽기에 손색이 없다.

개복치는 작은 알을 무진장 낳는다. 이 알이 모두 다 자라면 전 세계의 바다는 개복치로 가득 차 메워지고 말 것이다. 그러나 실제로 그런 일은 일어나지 않는다.

개복치 어미가 낳은 알의 상당수는 먹혀버린다. 작은 알에서 태어난 조그마한 치어도 대부분 먹잇감이 되어버린다.

다 커서도 절대로 안심할 수 없다. 해파리를 잡아먹는 개복치를 노리는 포식자는 많다. 가다랑어, 참치, 청새치 따위 대형 어류와 상어 무리는 개복치를 사냥감으로 삼는다. 물고기뿐만이 아니다. 범고래나 강치 등 바다에 사는 육식 포유류도 개복치를 노린다. 이렇게 많은 개복치가 바다 생명체의 밥이 되어 사라져간다.

개복치가 실제로 몇 개의 알을 낳고, 부화한 새끼 중 몇 마리가 다 자란 성어가 될지는 전혀 알 수 없다. 그러나 살아남는 개복치가 적다면 개복치는 곧 멸종할 것이다.

거꾸로, 살아남는 개복치가 너무 많아도 바다 생태계의 균형을 무너뜨리고 말 것이다. 그래서 수컷과 암컷, 이 두 마리의 개복치 사이에서 태어난 무진장한 알은, 결국 두 마리를 크게 벗어나지 않는 선에서 성어 개체로 자란다. 그것이 자연의 섭리이다.

개복치가 얼마나 많은 알을 낳는지는 알 수 없다. 하지만 개복치 알이 무사히 성어가 될 확률은 턱없이 낮다. 복권 1등에 당첨될 확률이 수십만에서 수천만 분의 1이라면, 개복치 알이 무사히 다 자란 물고기가 될 확률은 복권 1등에 당첨되기보다 더 어렵다. 그리고 보면 자란고기가 된 개복치가 얼마나 강한 운을 타고났는지 짐작할 수 있다.

만약 당신이 개복치로 태어났다면 어땠을까? 아무 탈 없이 완전한 어른이 될 자신이 있는가?

개복치의 수명은 분명치 않지만, 바닷물고기 중에서는 수명이 긴 편인 걸로 알려져 있다. 적어도 스무 살은 넘게 산다고 여겨지고, 어쩌면 백 살 가까이 사는 게 아닌가 추측도 한다.

하지만 그런 꿈같은 설레발은, 운이 매우 좋은 한 줌 개복치 이야기이다. 대부분의 개복치는 오래 살 수 없다.

타고난 수명이 길다, 짧다는 것은 그다지 큰 문제가 아니다. 약육강식의 자연계에서 모든 생명체가 명줄이 다할 때까지 살아남는 것은 아니다. 천수를 누리다 자연사를 한다는 것은 거의 불가능한 이야기이다.

모래톱으로 떠밀려 온 개복치는 억세게 운이 좋은 놈이라고 추켜세워줄 만하다. 개복치가 뉴스의 주인공이 되는 일도 드물거니와, 거의 모든 개복치는 태어난 지 얼마 되지 않아 죽어버리니 말이다.

홍해파리는 다른 해파리처럼 플라눌라에서 폴립,

스트로빌라를 거쳐 해파리 유생으로 탈바꿈하고,

다 크면 성체 해파리가 된다. 죽은 줄로만 알았던 홍해파리가

다시 폴립에서부터 한살이를 새로 시작한다.

말 그대로 불로불사, 영생하는 개체이다.

해파리에게도
사는 보람은 있다

수족관을 가만히 들여다보고 있자면, 해파리라는 목숨붙이는 정말로 신기한 생명체라는 생각이 일렁인다. 길 갈피를 못 잡고 흔들흔들 떠다니는 것처럼 보여도 실은 정성껏 우산을 펴고 닫고 하며 헤엄을 치고 있다. 수조 위쪽으로 유영하나 싶으면 어느새 아래를 향해 헤엄쳐 온다. 그저 물살에 두둥실 실려 가는 것만은 아닌 듯하다.

헤엄을 친다는 건 나름대로 움직여 가고 싶다는 의지나 목적이 있다는 뜻이다. 그러나 무엇을 위해 헤엄을 치고 있는지, 바라보며 구경만 해서는 도무지 어림짐작조차 할 수 없다.

해파리는 도대체 무슨 꿍꿍이일까?

"해파리에게도 사는 보람은 있다."

희극배우 찰리 채플린이 남긴 명언이다. 영화 〈라임라이트〉의 한 장면. 삶에 절망해 목숨을 끊으려던 젊은 발레리나에게 주인공은 말한다.

"살아간다는 것은 아름답고 멋진 일이네. 비록 해파리일지라도 말이지."

이것이 널리 알려진 명언의 유래가 된 대사이다.

산다는 것은 멋진 일이다. 해파리에게도 그것은 불변이다. 목숨붙이에게는 살아 있다는 것 그 자체가 아름답고 가치 있는 보람이다.

　사실 사는 보람을 잃고 자살하는 해파리는 딱히 없다. 해파리에게는 살아 있다는 것 그 자체가 삶의 보람인 것이다.

　해파리가 지구에 출현한 것은 지금으로부터 5억 년이나 지난 머나먼 옛날의 일이다. 그 무렵에는 공룡은커녕 물고기조차 아직 존재하지 않았다.

　해파리는 단세포 생물이 다세포 생물로 진화한 직후에 발달을 이룬 '에디아카라 생물군(Ediacara biota)'의 생존자가 아닌가 여겨진다. 지구의 역사를 거슬러 올라가도 해파리는 상당히 오래된 생물이다. 그런 아주 먼 옛날부터 해파리는 오늘날까지 목숨을 부지해왔다.

　옛날부터 살아남아온 해파리의 생활사는 실제로 복잡하고 또한 신기하다.

　갓 태어난 해파리는 플라눌라(planula)라는 작은 플랑크톤으로 떠다닌다. 그런데 플라눌라는 식물의 씨앗과도 같은 존재이다. 플라눌라가 바위 따위에 달라붙으면 그곳에서 싹을 틔우는 것이다. 이것이 폴립(polyp)이라는, 말미잘 같은 생명체가 된다.

　폴립은 더 이상 떠돌아다니지 않는다. 그 장소에 정착해서 살아간다. 폴립은 분열하여 증식할 수 있다. 식물 같은 존재이다. 그러나 해파리는 식물이 아니라 어엿한 동물이다. 해파리, 말미잘, 산호충 등과 더불어 자포동물문(門)으로 분류된다.

이윽고 폴립은 밥그릇을 겹쳐놓은 모양의 스트로빌라(strobila)로 변신한다. 그리고 이 밥그릇들을 마치 분신처럼 차례차례 뿔뿔이 떨어뜨려낸다. 이 밥그릇처럼 생긴 분신이 에피라(ephyra)라는, 해파리의 유생(幼生)이다.

해파리 유생인 에피라는 헤엄치면서 자라다가 이윽고 해파리 성체로 자라난다. 말미잘처럼 정착해 살던 폴립이나 스트로빌라가 먹이를 잡기 위해 가지고 있던 위로 향한 촉수는 해파리가 되면 아래 방향으로 바뀐다. 해파리는 이 촉수로 헤엄을 치거나 먹잇감을 잡는다.

이 해파리가 체내에서 알을 까, 다음 세대인 플라눌라를 낳는다. 그리고 플라눌라를 낳은 해파리는 죽는다.

이렇게 해파리의 한살이는 끝없이 되풀이된다.

해파리 성체는 수명이 짧다. 종류에 따라 다르지만 길어야 1년가량일 것이다.

그런데 놀랍게도, 죽지 않는 해파리 개체가 존재한다고 한다. 홍해파리가 그것이다.

홍해파리는 다른 해파리처럼 플라눌라에서 폴립, 스트로빌라를 거쳐 해파리 유생으로 탈바꿈하고, 다 크면 성체 해파리가 된다. 그 홍해파리에게도 머지않아 죽음이 다가온다. 아니, 찾아온다.

그런데 죽은 줄로만 알았던 홍해파리가, 도대체 그럴 수도 있나 싶게, 작고 동그랗게 말려서 새로운 폴립이 된다. 그리고 다시 폴립에서부터 한살이를 새로 시작한다. 아무도 모르는 사이에 회춘하는 것이다.

홍해파리는 이러기를 평생 내내 되풀이한다. 나이를 먹지 않을 리 없지만, 몇 번이나 폴립으로 새로이 젊어지고, 몇 번이라도 생애를 다시 시작할 수 있다. 말 그대로 불로불사, 영생하는 개체이다.

해파리가 지구에 출현한 게 5억 년 전이라고 했다. 일설에는 그때부터 5억 년 동안 생존한 홍해파리 개체가 있는 것 아니냐고도 한다. 달리 표현할 말이 없는 그야말로 질기디질긴 명줄을 지닌 생물 아닌가!

불로불사는 동서고금을 불문하고 인류의 숙원이기도 하다. 실제로 이 홍해파리의 불로장생의 메커니즘을 해명해 인간을 위해 쓸모 있게 응용할 궁리에 골몰하는 연구자들도 있나보다.

도대체 불로불사란 무엇일까? 늙지도 죽지도 않는, 두려울 것 없는 생명 현상이다. 하고 싶은 일은 무엇이든지 할 수 있을 것만 같다. 하지만 만약 5억 년이라는 세월을 살 수 있다면, 도대체 무

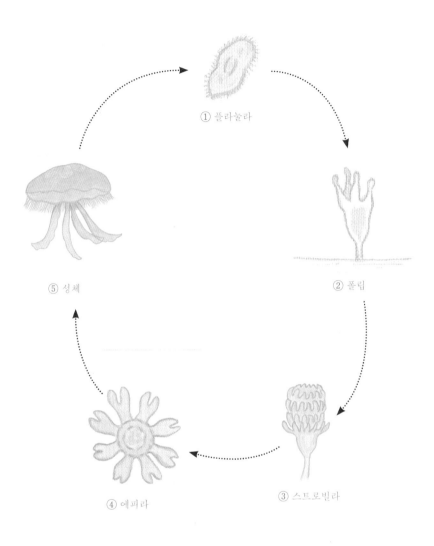

① 플라눌라

② 폴립

③ 스트로빌라

④ 에피라

⑤ 성체

· 해파리의 한살이 ·

엇을 하면서 산단 말인가? 아니, 그런 종류의 생각조차 미리 해둘 필요가 없을 것도 같다. 어쨌든 시간은 무한정 있으니까. 무엇을 하면서 살지는 놔뒀다가 언젠가 궁리하면 되고, 그러다 언젠가 문득 떠오를 날도 있을 터이다.

불로불사의 생명체라는 홍해파리가 얕은 바다에 살랑살랑 한가로이 떠 있었다. 이런 삶을 얼마나 계속해온 것일까? 다음 날도, 그리고 다음 날도 이런 날은 어김없이 계속될까?

그런데 마치 물귀신에라도 끌려가듯, 홍해파리의 몸뚱어리가 돌연 바닷물 속으로 잠겨버린다. 미처 생각할 겨를도 없이 순식간에 모습이 사라졌다.

바다거북이다.

바다거북이 좋아하는 먹잇감이 해파리이다. 필시 홍해파리를 게걸스럽게 먹어 치웠을 것이다.

그 홍해파리는 몇 년을 살아온 것일까? 어쩌면 몇백 년, 몇천 년을 산 해파리일지도 모른다. 그런 홍해파리에게조차 죽음이란 참으로 맥없고 싱거운 것이다.

삽시간이다.

수명을 헤아릴 수 없다는 홍해파리에게도 죽음은 바로 곁에 있는 것이다.

새끼 거북들은 거리의 불빛에 현혹되어,

바다와 정반대 방향으로 기어가버린다. 그러다 낮이 되고,

아직도 모래밭을 따라 아장아장 걸어가는

새끼 거북들을 겨냥한 바닷새들이 속속 덮쳐온다.

새끼 거북들이 바다에 다다르기까지는 녹록지 않은 고생길이다.

바닷물에서나 뭍에서나
위험이 도사린 일상

어느 날 이른 아침, 모래톱으로 떠밀려 온 사체가 발견되었다.

익사체였다. 검시 결과 폐 속이 새빨갛게 충혈되어 있는 모양새가 관찰되었다. 익사체에서 볼 수 있는 전형적인 현상이다.

익사체의 정체는 바다거북. 성별 암컷, 나이 미상.

바다거북은 50년에서 100년가량 사는 것으로 추측된다. 무엇을 근거로 젊다고 했는지 모르지만, 떠밀려 온 사체는 젊은 암컷이라고 했다.

그런데 이 익사체에는 아무래도 마음에 걸리는 게 있다.

어째서 바다에서 사는 거북, 이름 그대로 바다거북이 바닷물에 빠져 죽었을까?

바다거북의 조상들은 원래 뭍에 산 것으로 짐작되지만, 바다 생활에 적응하도록 진화해왔다. 빠르게 헤엄칠 수 있도록 다리는 지느러미처럼 발달시키고, 등딱지는 작고 날렵하게 변화시켰다. 바다거북은 이렇게 해양 환경에 적응해 바닷속을 빠르고 자유자재로 헤엄치며 돌아다닌다.

바다거북은 평생을 바닷속에서 살아간다. 그런데도…… 그 바다거북이 눈앞에 익사체로 떠올라와 있다. 바다거북이 물에 빠져 죽다니, 정말로 있을 법한 일인가?

바다거북은 오랜 시간 잠수할 수 있다. 그러나 아가미 호흡을 하는 물고기와 달리, 파충류인 바다거북은 폐로 호흡한다. 그래서 몇 시간마다 한 번씩 바다 위로 머리를 내밀고 숨을 쉬어야만 한다. 그런데 어장에 둘러친 어망 같은 데 무심코 걸려버리면 바다 위로 떠오를 수 없다. 그물망에서 벗어나려고 몸부림치다가 결국은 질식사, 그러니까 익사하고 마는 것이다.

바다를 삶의 터전으로 살아가는 바다거북의 익사. 뭐라 형언할 수 없이, 불쌍한 죽음이다.

바다거북은 평생을 바다에서 보내지만, 암컷 바다거북은 육지로 올라가야 할 사정이 있다.

바다거북의 알은 바닷속에서는 숨을 쉴 수 없기 때문에, 암컷 바다거북은 태어난 고향의 모래톱에 상륙해 둥지를 짓고 단단한 껍질이 있는 알을 낳는다.

거의 모든 바다거북은 이 산란기 때에만 뭍으로 올라오는데, 일본의 경우 여름이다. 암컷 바다거북은 여름 동안 몇 주 간격으로 여러 차례에 걸쳐 산란한다.

바다가 터전인 바다거북에게 육지로 올라가는 이 습성은 역경과 위험으로 가득 차 있다. 그래도 암컷 바다거북은 새로운 생명을 낳기 위해 안간힘을 다해 모래언덕을 기어오른다.

그러나 지금, 이 모래벌판이 현저하게 감소하고 있다.

해안부가 개발되면서 백사장이 눈에 띄게 적어지고 말았다. 바다거북이 오랜 바다 여행을 마치고 고향으로 돌아와보면 고향 모래밭이 없어지고 만 경우가 드물지 않다. 우라시마 다로*의 마음이 꼭 이랬을 것이다.

매립을 위해 해안의 모래를 대량 채취되거나, 하천 정비로 강으로부터의 모래 유입이 막히기도 한다. 과거 일본의 해안선을 따라 드넓게 존재하던 모래벌판은 이렇게 여위어져버렸다.

그뿐만이 아니다. 조금 남겨진 모래벌판마저도 정비되어 인간들이 놀기 위해 한사코 몰려든다. 끝없이 이어져 있던 해안에는 도로가 만들어진다. 운이 나쁘면 해안가를 따라 달리는 차에 바다거북이 치여 죽는 불상사도 비일비재하다.

바다거북의 산란 여행을 막는 해코지는 또 있다.

바다거북은 밤에 알을 낳기 때문에, 가로등이 있는 모래톱에서는 산란을 할 수 없다. 겨우 상륙했다가도 마땅한 산란 장소를 찾지 못하면 바다로 돌아갈 수밖에 없다.

어미가 힘들여 낳은 알에도 수난이 따른다.

모래벌판의 길 없는 길인 위로, 밤이면 차들이 신나게 질주한다. 어미가 필사적으로 낳은 알이 허망하게 차에 짓밟혀 무람없이 뭉개져버린다.

* 일본 전래 설화의 주인공. 옛날에 젊은 어부 우라시마 다로가 낚시하러 갔다가, 개구쟁이들이 괴롭히던 거북을 구해주었다. 바다로 돌아간 거북이 다음 날 나타나, 자신은 용왕의 딸 오토히메라면서 다로를 용궁으로 데려갔다. 다로가 얼마 후 고향 마을로 돌아가려 하자 공주는 "무슨 일이 있더라도 절대로 열어보지 말라"며 이상한 상자 하나를 건네주었다. 다로가 거북 등을 타고 바닷가 고향으로 돌아와보니 바깥세상은 이미 300년이나 지난 뒤였다. 집과 모친도 모두 사라졌다. 슬픔에 빠진 다로가 별생각 없이 공주가 준 상자를 열었다. 그러자 그 속에서 하얀 구름이 나오고, 다로는 노인이 되었다. 그리고 학으로 변신하여 하늘로 날아가 거북 공주와 재회했다고 한다.

그럭저럭 태어난 새끼 거북들에게도 위험은 닥쳐온다.

갓 태어난 새끼 거북들은 밤에 달빛에 의지해 바다로 돌아가는 본능이 있다. 때문에 거리의 불빛에 현혹되어, 바다와 정반대 방향으로 기어가버린다. 그러다 낮이 되고, 아직도 모래밭을 따라 아장아장 걸어가는 새끼 거북들을 겨냥한 바닷새들이 속속 덮쳐온다. 새끼 거북들이 바다에 다다르기까지는 어지간히 녹록지 않은 고생길이다. 이처럼 탄생부터 바다거북의 일생은 위험으로 점철되어 있다.

우여곡절 끝에 겨우겨우 무사히 바다에 다다른 새끼 거북들은 이번에는 대형 물고기의 표적이 된다. 망망대해 속에서 바다거북의 새끼는 작디작고 약하디약한 존재일 뿐이다. 살아남은 바다거북들은 세계의 바다를 돌아다니며 성장한다. 그렇게 수십 년을 지나 어른이 된다.

그러나 그 여정에는 위험이 빼곡하다. 바다거북이 제구실을 톡톡히 할 만큼 어른스러워지는 것은 예사롭지 않은 일이다.

그렇듯 위험한 여로의 끝자락에서, 바다거북은 고향 바닷가로 몇십 년 만에 되돌아온다. 모래벌판에 떠밀려 올라온 것은 그런 바다거북의 사체이다.

어미인 그녀들은 걷기를 그만두려 하지 않는다.

알을 낳을 곳을 찾아 연거푸 걷는 것이다.

물론 두 번 다시 분출공으로

돌아갈 수 없다.

어미 게가 차디찬 바다로
간 까닭은

그곳은 깊고 깊은 바다 밑이다.

태양 빛은 다다르지 않고 오직 암흑만 뒤덮여 번진다. 그런 세계이다.

'루카'라는 말을 들어본 적이 있는지?

생명은 38억 년이나 지난 아주 먼 옛날에 발생했다. 그게 시초이다. 생명의 시초는 38억 년이나 지난 아주 먼 옛날의 발생이다. 고생대 지구의 바다에서 유기물이 모여 최초의 생명이 태어났다. 모든 생물의 공통 조상인 이 최초의 생명을 '루카'라고 한다.

생명 없는 '허무'가 모여 '생명'이 창조되었다. 이런 기적이 머나먼 옛날에 일어났던 것이다.

이윽고 이 생명은 다종다양한 진화를 이루며 지구를 푸른 생명의 별로 바꾸어갔다. 지구상에 사는 모든 동물도, 모든 식물도 기원을 더듬어 올라가면 루카에 다다른다.

요즘 지구에도 생명의 원천을 떠올리게 하는 장소가 있다.

어둠으로 뒤덮인 암흑천지의 깊은 해저가 그곳이다.

깊디깊은 바다 밑에, 뜨거운 물이 뿜어져 나오는 '열수 분출공(熱水噴出孔)'이라는 곳이 있다. 맨틀 대류에 의해 해저의 암반이 해구(海溝)로 질질 끌려 들어간다. 이 마찰열로 가열된 지하수가 뿜어져 나오는 것이다.

생명의 기원은 수수께끼에 싸여 있다. 그러나 38억 년 전 무렵, 생명 비슷한 것 하나 없던 '죽음의 별' 지구에서 최초의 생명이 탄생한 건 바로 이런 곳에서였다고 여겨진다.

화산 활동으로 땅속에서 분출한 열수에는 유황 화합물이 포함되어 있다. 오늘날 생물의 대부분은 산소를 이용해 물질대사를 할 수 있는 에너지를 만들어내지만, 산소가 없었던 원시 지구 환경에서는 이 유황 화합물을 분해해 에너지를 생성해냈다. 대단히 기묘한 생명 활동이라 생각하겠지만, 이것이 모든 생명의 시작이었다.

지금도 이렇게 유황을 분해하는 미생물이 분출공 주위에서 번식하고 있다. 미생물이 존재하면 그것을 먹이로 삼는 작은 생물들도 그곳에 살 수 있다. 그리고 그 작은 생명체를 먹잇감으로 삼는 큰 생물도 그곳에 서식해간다. 이렇게 해서 열수 분출공 주변에 먹이사슬이 생기고 작은 생태계가 형성되었다.

태양 빛이 닿지 않는 칠흑처럼 캄캄한 어둠 속에 그런 생명의 영위가 있다. 튜브 모양의 껍질을 가진 것, 황화철 갑옷으로 몸을 지키는 것 등, 분출공 주변에는 무릇 지구상의 생물이라고는 생각하기 힘든 기기묘묘한 모양새의 생명체들이 모여 있다.

예티게도 열수 분출공 주위에서 볼 수 있는 게이다.

예티는 히말라야산맥에 산다는 설인 남자이다. 즉, '설남(雪男) 게'라는 뜻이다. 예티게는 털북숭이 팔과 새하얀 몸뚱어리 때문에 그렇게 이름이 붙여졌다.

깊은 바다 밑에는 먹잇감인 생물이 많지 않다. 예티게는 팔의 긴 털에 박테리아를 서식하게 해 먹이로 삼고 있다고 짐작된다.

남극의 난바다에서도 심해의 분출공 주위에서 예티게가 발견된다.

남극의 심해는 극한(極寒)이다. 수온은 겨우 2도. 꽁꽁 얼어붙을 추위이다. 그런데 열수가 뿜어져 나오는 분출공 언저리는 수온이 매우 높다. 그 때문에 그곳에 예티게가 밀집해 있다.

그런데 분출공에서 나오는 열수는 400도가량의 고온이기 때문에, 너무 가까이 다가가면 화상을 입는 정도가 아니라 금세 타죽고 만다. 그렇다고 열수에서 너무 멀어지면 차가운 바다 밑에서 동사해버린다. 너무 가까이 가도 너무 떨어져도 안 되니 절묘한 거리감이 필요하다. 예티게는 그런 가혹한 환경 속에서 분출공에 매달리듯 자리를 잡고 살아간다.

그런데 말이다.

이 분출공으로부터 꽤 떨어진 차가운 심해에서 예티게 암컷이 여러 마리 발견되었다.

아무것도 보이지 않는 어두운 바다 밑이라도 바닷물이 차가운지 따뜻한지는 구분할 수 있다. 따뜻한 물을 찾고 있다면, 생명의 원천인 분출공에서 멀어진다는 것은 상상할 수 없다. 그런데 어째서 생명의 원천으로부터 떨어진 이 장소에, 암컷 게들이 있었을까?

그 까닭은 분명치 않다. 그러나 이 암컷들이 분출공 주변을 떠난 것은 알을 낳기 위해서가 아닐까, 어림짐작하고 있다.

분출공은 생물에게는 생명의 밑바탕이다. 바다는 꽁꽁 얼어버릴 정도로 몹시 차가워 먹이가 되는 박테리아마저 얼어 죽을 수 있다. 분출공을 떠난 암게는 차가운 바닷속에서 체력이 떨어져가며 몸이 상해갈 것이다. 알을 낳기 위해서라고 해도 분출공을 떠나면 오래잖아 암게의 목숨도 끊어지고 만다.

그래도 어미인 그녀들은 걷기를 그만두려 하지 않는다. 알을 낳을 곳을 찾아 연거푸 걷는 것이다. 물론 두 번 다시 분출공으로 돌아갈 수 없다.

심해에 사는 예티게의 수명은 알려져 있지 않다. 그러나 그녀들은 죽기 전에 딱 한 번 알을 낳는다고 여겨진다. 분출공에서 멀어지는 그녀들의 행동은 저승길로 떠나는 여정인 셈이다.

왜 이렇게 혹독하고 무서운, '죽어감의 여행'을 일부러 사서 하는 것일까? 까닭은 명확하지 않다. 그러나 그렇게까지 해서라도 암게가 분출공을 떠나는 데는 그만한 이유가 있을 것이다. 어쩌면 게의 어린것들이 자라기 위해서는 낮은 온도 환경이 필요하지 않을까, 그 때문에 어미 게들은 자신의 목숨을 희생해가며 새끼들에게 알맞은 저온도를 찾아주고자 저승길을 떠나는 게 아닌가 미루어 짐작할 따름이다.

그리고 그녀들은 알을 낳고, 차가운 바닷속에서 죽어간다.

헤밍웨이의 소설 『킬리만자로의 눈』에 다음과 같은 이야기가 있다.

킬리만자로는 눈에 뒤덮인 해발 6,007미터의 산으로, 아프리카 최고봉이다. 서쪽 산정은 마사이어로 '누가예 누가이', 곧 신의 집으로 불린다. 그 '신의 집' 이웃에, 한 마리의 삐쩍 마른 표범의 송장이 꽁꽁 얼어 있다. 표범이 이런 고지까지 무엇을 찾아 왔는지, 연유는 아무도 모른다.

엄마가 된 예티게도, 무엇을 생각하며 차가운 바다를 향해 여행길을 떠나는 것일까?

진짜 사실은 아무도 모른다.

그러나 예티게들은 이렇게 해서 몇 대나 몇 대나 몇 대나 생명을 이어왔다. 지구의 아주 깊은 바다 밑바닥에서, 생명의 릴레이가 이어져온 것이다.

생물에게 '죽음' 같은 것이 찾아온 시기는

10억 년가량 전이 아닐까 여겨진다.

오랫동안 생물에게 죽음은 없었다.

'죽음'은 38억 년에 걸친 생명체의 역사 속에서

생물 자신이 만들어낸 위대한 발명인 것이다.

플랑크톤은 죽어
눈으로 내리고

빛이 닿지 않는 깊은 바닷속에서, 하얀 것이 마치 눈처럼 춤추듯 흩날리며 떨어진다.

이 눈 같은 물체는 마린 스노라 불린다. 죽은 플랑크톤이 흰 눈처럼 내려앉는 현상이다. 이름 그대로 '바다의 눈'이다.

사실 마린 스노의 정체는 플랑크톤의 주검이다.

플랑크톤은 '부유(浮遊)하다'라는 뜻의 그리스어에서 유래했으며, 물속을 떠다니는 작은 미생물을 가리킨다. 플랑크톤은 갖가지를 포함한다. 갓 태어난 작은 치어와 새우나 게의 유생, 물벼룩 같은 작은 동물, 훨씬 더 작은 단세포 생물도 플랑크톤이라고 부른다.

단 하나의 세포로 구성된 단세포 생물은 가장 원시적인 생물이다. 복잡한 생명 구조를 갖지 않고, 단지 세포 분열을 하며 증식해갈 뿐이다.

하나의 세포가 둘로 나뉜다. 이것은 원래의 개체가 죽고 새로운 개체가 태어나는 것일까, 아니면 원래의 개체가 산 채로 분신을 만드는 것일까?

'죽음'이란 도대체 무엇일까?

단순한 생명체인 단세포 생물에게 '죽음'이란 단순하지 않다. 세포가 둘로 갈라졌을 때, 죽어버린 원래 개체의 사체가 남을 리 없다. 원래의 개체와 같은 단세포 생물이 두 마리가 될 뿐이다. 죽은 개체가 남지 않는다는 것은, 그곳에 '죽음'이 없다는 말이다. 오로지 복제를 되풀이해서 증가해갈 뿐인, 이 단순한 생물에게 생물학적으로 정의되는 '죽음'은 없다고 여겨지고 있다.

지구에 생명이 탄생한 것은 38억 년 전가량의 일이다. 모든 생명이 단세포 생물이던 이 시대에 생물에게 '죽음'은 존재하지 않았다.

생물에게 '죽음' 같은 것이 찾아온 시기는 10억 년가량 전이 아닐까 여겨진다. 오랫동안 생물에게 죽음은 없었다. '죽음'은 38억 년에 걸친 생명체의 역사 속에서 생물 자신이 만들어낸 위대한 발명인 것이다.

하나의 생명이 복제를 해서 증식해가기만 한다면 새로운 생명체를 만들어낼 수 없다. 심지어 복제 오류 탓에 열화(劣化)도 일어난다. 그래서 복잡한 생명체는 복제를 하는 것이 아니라, 한 번 파괴하고 새로이 다시 만드는 방법을 선택했다.

그러나 모든 것을 깡그리 파괴해버리면 원래대로 되돌리기가 무척 힘들다. 그래서 생명체는 원래의 개체에서 유전 정보를 가져와 새로운 개체를 만드는 방법을 짜냈다. 이것이 수컷과 암컷이라는 성(性)이다. 즉, 수컷과 암컷이라는 짜임새를 만듦과 동시에 생물은 '죽음'이라는 시스템을 고안해낸 것이다.

그리고 비교적 복잡한 얼개를 가진 단세포 생물인 짚신벌레에게는 수컷과 암컷이라는 명확한 '성'은 없지만, 두 개체가 접합하여 유전자를 교환하고 새로운 두 몸의 개체가 된다. 두 마리의 짚신벌레가 접합하여 새로운 두 마리의 짚신벌레가 되지만, 이렇게 다시 태어난 짚신벌레는 원래의 짚신벌레와 다른 개체이기 때문에, 이것은 새로운 짚신벌레를 만들어내고 원래의 개체는 죽어버렸다고 볼 수 있다.

이렇게 생명은 '죽음'과 '재생'이라는 얼개를 창조해냈다.

단세포 생물은 죽지 않는다. 그러나 이것은 '수명이 없다'는 이야기일 뿐이다.

단세포 생물도 영원히 계속 사는 것은 아니다. 분신한 복제본 중에는 오래 생존하는 것도 있지만, 단순한 구조의 단세포 생물은 약간의 수질이나 수온의 변화로도 죽는다. 이러한 단세포 생물의 유해가 눈처럼 내려 바다 밑에 쌓여간다.

유구한 지구의 역사 속에서 마린 스노는 계속해서 내리고 내렸다. '티끌 모아 태산'이라는 속담처럼 작은 플랑크톤의 시체가 기나긴 지구의 역사 속에서 차츰차츰 퇴적되어가다 마침내 바위가 되었다. 처트(chert)라는 암석은 바로 방산충(放散虫)이라는 작은 플랑크톤의 껍데기가 쌓이고 쌓여 형성된 것이다. 석회암도 유공충(有孔虫)이라는 작은 플랑크톤의 껍질이 퇴적되어 생긴 것이다.

정신이 아찔해지는 듯한 시간의 흐름 속에서, 작디작은 플랑크톤들의 유해가 지구의 대지를 만들어간 것이다. 이만큼의 암석을 만들기 위해서 도대체 얼마나 많은 생명이 태어나고 사라져갔을까? 대관절 얼마만큼의 생명의 영위가 존재했던 것일까?

소리를 내지도 않고 조용히 플랑크톤의 유해는 깊이 깊이 가라앉아간다.

결코 멈추는 일 없이 줄곧, 그 누구에게도 보여주는 일 없이 몰래몰래, 어두운 바다 밑으로 마린 스노는 훌훌 내리며 쌓여간다.

이렇게 생명은 38억 년을 쭉 이어져왔다.

몸집이 큰 동물은 시간이 천천히 흘러가는 것처럼 느끼고,

작은 동물은 시간이 빨리 지나가는 것처럼 느낀다.

개미는 몸이 작고 허둥대듯 바삐 발을 움직이는 잔걸음으로 이동한다.

개미는 마지막까지 발버둥 치다가 죽었을 것이다.

그러나 인간에게는 모든 것이 한순간에 일어난 남의 사정이다.

개미나 개미지옥이나
삶이 고달프기는 마찬가지

불행이란 놈은 어느 날 불현듯 찾아온다.

개미집은 참으로 거대한 유기체이다. 둥지 안에는 수백 마리의 개미가 산다. 큰 둥지에는 수십억 마리의 개미가 개체군을 이루고 서식하는 일도 있다니 놀라울 따름이다. 그야말로 거대 국가에 맞먹는 규모이다.

개미 집단 안에는 한 마리의 여왕개미와 몇 마리의 수컷이 있다. 그리고 둥지의 나머지 거의 모두를 차지하는 개체가 워커(일꾼), 즉 암컷 일개미이다. 일개미는 눈코 뜰 새 없이 바쁘다. 이만한 군집을 유지하려면 쉴 겨를도 없이 먹이를 찾아 둥지 밖으로 출두해야만 하는 것이다.

개미가 한 차례 먹이를 찾으러 가기 위해 이동하는 거리는 왕복으로 100미터가 넘는다고 한다. 일개미는 아마 이 거리를 하루에도 여러 번 분주하게 왔다 갔다 할 것이다.

개미의 몸길이가 1센티미터 정도이니까, 개미에게 100미터는 우리의 감각으로는 약 10킬로미터에 해당한다. 이 거리를 먹잇감이라는 짐을 나르며 걷는 것은 무척 고된 노동이다.

게다가 둥지 바깥은 위험한 것들로 가득 차 있다. 이만큼 먼 거리까지 하염없이 걸어가다보면 생각지 못한 우발 사건을 당하는 일도 많을 터이다. 둥지를 떠난 채 돌아오지 못한 동료도 수십 마리나 있을 것이다.

어느 날, 한 마리의 개미가 여느 때처럼 경쾌하게 여섯 개의 다리를 움직이며 먹이터로 향해 가고 있었다. 개미가 걷는 속도는 1초에 10센티미터. 시속 3.6킬로미터다. 만약 개미의 몸길이가 1미터라면 시속 36킬로미터, 자동차 속력에 맞먹는다. 100미터 육상 남자의 세계 기록이 대략 시속 37킬로미터이니까, 일개미는 올림픽 달리기 선수 정도의 스피드로 이동하는 셈이다.

일개미인 그녀도 먹이터를 찾아 쏜살같이 곧장 달렸다.

그날은 여느 때보다 햇볕이 따가웠다. 양지는 타는 듯이 무더웠다. 이곳을 지나면 앞으론 먹이터까지 그늘이 이어진다.

어제의 먹이터가 보이기 시작했다. 조금만 더……. 발걸음도 가벼워진다.

그때 문뜩 발을 훅 잡아채이는 느낌이 들었다. 기분만 아니다. 정말로 그곳에 땅거죽이 없었다!

100미터를 전속력으로 달음박질하는 육상 선수처럼 빠른 속도로 행군 중이었다. 돌연 시야에서 먹이터가 사라졌다. 움푹 팬 허방에 쏙 들어가버린 느낌이었다.

다급하게 움푹한 구덩이 비탈을 올라가려고 갖은 애를 썼지만, 둘레가 되게 자잘한 모래라서 올라가기가 힘들다. 발톱을 지면에 걸고 기어 올라갈 성싶으면 발판인 모래 뭉치가 무너져내려갔다. 생각대로 쉬이 올라가지지 않았다.

'개미지옥!'

눈치챘을 때는 이미 늦었다. 사발이나 깔때기 모양 같은 개미귀신의 소굴에 발을 들여놓은 것이다.

흔히 개미귀신이라고 부르는 벌레는 명주잠자리의 애벌레이다. 어른 명주잠자리는 섬세하고 말쑥하게 생겼다. 하지만 유충인 개미귀신은 으스스하리만큼 섬뜩한 큰 엄니를 가졌고, 명주잠자리를 떠올리기 힘들 정도로 추하고 그로테스크한 꼴을 하고 있다. 개미귀신은 땅에 '개미지옥'이라고 불리는 모래 구덩이 둥지를 틀고, 그 깊은 안쪽에 숨어서 자신이 파놓은 함정에 떨어진 개미를 엄니로 집어서 포획한다. 개미에게는 말 그대로 '지옥'이다.

불의의 허를 찔려 개미지옥에 빠져버린 개미는 필사적으로 기어오르려고 바둥대지만, 모래가 쓸려 내려가 탈출이 쉽지 않다.

모래를 산처럼 수북이 쌓았을 때, 모래가 무너지지 않고 안정적일 때의 경사면과 수평면이 이루는 최대 각도를 안식각(安息角)이라고 한다. 절구통처럼도 생긴 개미지옥은 모래가 무너지지 않는 안식각을 유지하고 있다. 그래서 작은 개미가 발을 들여놓은 것만으로도 한계점을 넘어가버리기 때문에 모래가 무너져내리는 것이다.

안식각은 일정하지 않다. 모래가 습하면 잘 무너지지 않기 때문에 모래가 허물어지는 한계인 안식각도 커진다. 그래서 개미귀신은 그때그때 습도에 맞춰 부지런히 개미지옥 경사를 조정한다.

개미귀신의 파놓은 개미지옥은 개미 한살이의 종착역이다. 개미는 필사적으로 발을 바삐 움직인다. 기어올라도, 겨우 기어올라도 발밑의 모래는 무너져내려간다.

다만, 개미는 수직벽도 기어 올라갈 수 있을 만큼 날카로운 발톱을 갖고 있기 때문에, 모래가 무너져도 발을 계속 움직이면 개미지옥에서 탈출하는 행운도 얻을 수 있다.

필사적으로 발버둥을 쳐서, 조금만 더 기어오르면 개미지옥 너머로 올라설 수 있을 때…… 갑자기 아래쪽에서 모래 덩이가 날아왔다. 개미귀신이 사냥감을 노리고 머리를 위아래로 흔들며 엄니를 이용해 모래알을 던지고 있는 것이다. 개미가 겨우 붙잡은 지면은 개미귀신이 던진 모래알과 함께 무너져내린다. 모래가 허물어져 내려도 기어오르고, 기어오르고…… 그래도 모래는 아래로만 쏠려간다.

불행이란 놈은 어느 날 갑자기 찾아온다.

불교에서 지옥을 '나락'이라고 한다. 이게 바로 나락의 바닥일까? 필사적으로 기어오르려던 개미도, 결국 개미귀신의 집게처럼 생긴 큰 턱과 엄니에 걸려 먹거리가 되고 말았다.

젖먹이동물의 시간 감각은 몸의 크기에 따라 다르다. 몸집이 큰 동물은 시간이 천천히 흘러가는 것처럼 느끼고, 작은 동물은 시간이 빨리 지나가는 것처럼 느낀다. 개미의 시간 감각을 정확히 상상할 수는 없지만, 개미는 몸이 작고 허둥대듯 바삐 발을 움직이는 잰걸음으로 이동한다. 개미는 마지막의 마지막까지 발악하듯 발버둥 치다가, 바르작바르작 몸부림을 치다가 죽었을 것이다. 그러나 개미에 비해 훨씬 덩치가 큰 인간에게는 모든 것이 한순간에 일어난 남의 사정이다.

일개미의 수명은 대략 2년으로 본다. 그러나 위험한 사건을 많이 접하는 일개미는 수명을 다하기 전에 죽고 마는 경우가 많다.

개미귀신은 개미의 몸에 이빨을 찔러 넣고 체액을 빨아먹는다. 그리고 바짝 메마른 개미의 시체는 '절구통 지옥' 바깥으로 툭 내다버린다.

무서운 개미지옥 모래 구덩이이지만, 단순한 허방다리에 이따금 발을 헛짚어 빠지는 개미는 그리 많지 않다. 순조롭게 도망쳐버리는 개미도 있다.

개미귀신의 삶은 늘 굶주림과 벌이는 싸움이다. 몸의 생태 구조가 절식을 견뎌낼 수 있게 짜여 있지만, 그래도 사냥감이 없으면 굶어 죽고 만다. 개미귀신에게도 꿋꿋하게 살아낸다는 건 결코 만만치 않은 일이다. 오늘은 개미귀신에게도 몇 개월 만의 맛있는 진수성찬이었다.

개미귀신이 명주잠자리로 탈바꿈하면 몇 주에서 한 달가량밖에 살지 못한다. 그에 비해 애벌레인 개미귀신으로 지내는 기간은, 영양 조건마다 다르지만 1년에서 3년가량 이어진다. 곤충에게는 지독하게 오랜 이 기간은 줄곧 배고픔과의 악전고투이다.

햇살이 강해지기 시작했다. 오늘도 더워질 듯싶다.

그리고 개미귀신에게는, 또 운수 사나운 개미가 절구통 지옥에 떨어지기를 기다리는 나날이 이어진다.

말이 좋아 '여왕'이지,

그녀에게는 일개미를 향한 명령권이 없다.

일개미는 자기 자신을 위해

여왕개미를 돌보고 있을 따름이다.

누구일까,
진짜로 부림을 당하는 이는

흰개미는 이름과 달리 실제로는 개미 무리가 아니다.

개미는 곤충 중에서는 고도로 진화한 유형이다. 하지만 흰개미는 3억 년 전 고생대부터 지금과 별반 다르지 않은 모습을 한, 그래서 '살아 있는 화석'이라고 불릴 정도로 오래된 유형의 곤충이다. 흰개미는 바퀴벌레목(目)으로 분류되기 때문에, 개미보다 바퀴벌레에 가까운 곤충이다.

흰개미는 수개미 왕 한 마리와 여왕개미가 한 쌍의 짝을 맺고, 수컷과 암컷으로 이루어진 일개미와 병정개미로 콜로니*를 조직한다. 콜로니는 종류에 따라 다르지만, 수십만 마리에서 수백만 마리가 넘는 거대한 군체를 형성한다. 사회를 형성하는 개미와 벌 등은 군체 구성원이 거의 암컷이다. 번식기 직전 짧은 기간에만 수컷이 태어나는데, 이 번식용 수컷은 일은 하지 않고 다른 암컷의 보살핌을 받는다. 그리고 번식기가 끝날 때까지 둥지에 남아 있던 수컷은 자매뻘인 암컷들이 모조리 둥지 밖으로 쫓아내거나 죽여버린다. 반면에 사회성을 지닌 곤충 중 비교적 적은 수인 흰개미는 수컷 왕이 번식 여왕과 함께 살고, 일꾼도 대개 암수가 섞여 있다.

여왕개미가 하는 일은 알을 낳는 것이다. 여왕개미 이외의 암개미는 알을 낳을 수 없다. 여왕개미는 매일같이 많은 알을 낳는

* colony: 집단 서식지 군집.

다. 알에서 부화한 일개미들은 바지런하게 노동을 하며 개미 왕
국을 유지하기 위해 온 힘을 다한다.

당연히 여왕개미는 스스로 먹이를 모으거나 방 청소 따위의
집안일을 할 필요가 없다. 일개미들이 먹이를 먹여주고, 방청소
를 해주고, 배설물을 처리해준다. 여왕이 낳은 알에서 부화한 애
벌레를 돌보는 육아도 일개미의 몫이다. 여왕개미는 아무것도 할
필요가 없다. 그저 알만 낳으면, 속된 말로 장땡인 삶이다.

일개미의 수명은 고작 몇 년인 데 반해 여왕개미는 10년 이상
이나 사는 것으로 알려져 있다. 수십 년씩이나 살며 긴 명줄을 자
랑하는 여왕개미도 발견되고 있다고 하니 참으로 대단하다. 곤충
의 수명은 길어야 1년 안짝인 종이 많기에, 흰개미의 여왕개미는
장수하는 곤충에 속한다.

무엇보다 여왕개미는 많은 알을 낳기 위해 배 부분을 유별나게
발달시킨 '배불뚝이' 개체이다. 몸이 무거워 활달하게 움직일 수
없다. 하지만 문제는 전혀 없다. 신변의 일상다반사를 모두 일개
미가 대신 맡아 처리해주기 때문이다. 정말로 여왕다운 고귀하고
우아한 생활이다.

한 마리의 여왕개미는 하루에 수백 개의 알을, 한 해 동안 쉬
지 않고 매일 낳는다. 단순 계산만으로도 연간 수만 마리의 일개

미를 낳는다. 이렇게 여왕에게서 태어난 일개미들에 의해 거대한 왕국이 만들어진다. 흰개미처럼 계급에 따라 역할 분담이 미리 정해진 군집을 꾸리는 생명체를 '진사회성(眞社會性) 동물'이라고 한다. 일개미는 둥지를 위해 노동만 하는 직분이고, 병정개미는 둥지를 지키는 의무 병역만 수행한다. 그리고 여왕개미에게는 알을 낳는 몫만 부여되어 있다.

개체 한 마리가 둥지를 지키고 먹잇감을 사냥하고 자손도 남겨야 하는, 이 모든 것을 해내기란 불가능하다. 둥지를 지키지 못해도 죽고, 먹이를 잡지 못해도 죽는다. 물론 자손을 남기지 못하면 자신의 혈육이 끊어지고 만다. 그래서 흰개미 등 사회성을 지닌 동물들은 계급에 따라 역할 분담을 나눈 군집을 조직해 개체군을 지키는 전략을 발달시켰다. 개인사업이 아니라 조직화된 대기업을 지향한 것이다.

그러나 이상한 게 있다.

모든 생물은 자손을 남겨 자신의 유전자를 다음 세대에게 남겨주는 게 중요하다. 그런데도 왜 일개미들은 스스로 자손을 남기지 않고, 둥지 식구 모두를 위해 온 힘을 다 바치라는 사명을 순순히 따르고만 있는 것일까?

여왕개미에게서 태어난 일개미들은 모두가 피를 나눈, 자신과 같은 유전자를 가진 형제자매들이다. 그리고 그 형제자매들에 의해 거대한 왕국이 구축되어 있다. 곧, 형제자매로 구성된 둥지를 가꾸는 업무는 자신의 유전자를 공유한 피붙이를 지켜내는 사명이다. 요컨대 자신들의 형제자매 중에서 새로운 왕이나 여왕이 등극하면, 태어난 아이들은 조카들이 된다. 결국은 자신의 유전자를 물려받는 조카들이 속속 생겨나는 셈이다. 특별히 스스로 자손을 남기지 않더라도, 유전자를 남기지 못할 염려가 없다. 형제자매를 지키는 게 결과적으로 자신의 유전자를 남기는 것이기 때문이다. 그래서 일개미들은 묵묵히 제 몫의 밥값을 하염없이 계속한다.

흰개미는 일반적으로 가옥의 기초 부분 등 썩은 나무 안에 둥지를 틀고 그 목재를 먹이로 삼는다. 그래서 흰개미의 일개미들은 썩은 나무 안에 건설된 왕국 안에서 안심하고 각자 맡은 바 임무에 전념할 수 있다.

그러나 이 목조주택 생활에는 딱 하나, 문제가 있다.

나무 속에 살면서 그 나무를 먹고 있는 탓에, 방의 벽이나 천장을 모조리 먹어 치우면 서식할 곳이 없어져버리는 것이다. 그러면 흰개미는 다른 곳으로 거주지를 옮겨 새 나뭇집을 짓고, 그 보금자리의 목재를 먹으면서 생존해가야 한다. 옛집인 오래된 목조

주택을 모조리 먹어 치우면 새로운 목조건물을 짓고 이주해야만 하는, '나무 찾아 떠도는' 삶이다.

일개미는 제 발로 쉬이 옮겨 다닐 수 있다. 여왕개미는 그러지 못한다. 거대한 배를 가진 '배불뚝이' 여왕개미는 자력으로 이동할 수 없다. 이사 갈 때 일개미들이 여왕개미를 옮겨줘야만 하는 까닭이다. 이때 여왕개미에게 두려움이 엄습한다. 일개미가 여왕개미를 데리고 이주할 거라고 단정할 수 없기 때문이다.

말이 좋아 '여왕'이지, 그녀에게는 일개미를 향한 명령권이 없다. 일개미는 자기 자신을 위해 여왕개미를 돌보고 있을 따름이다. 여왕개미를 데려갈지 말지는 일개미들이 판단할 몫이다. 여왕에게 일개미가 '노동하는 기계'라면, 일개미들에게 여왕개미는 '알 낳는 기계'일 뿐이다. 알을 낳는 것만이 여왕의 존재 이유이다.

흰개미 둥지 안에는 여왕이 죽었을 때를 대비해 이등 여왕개미가 다음 차례 왕관을 목 빠지게 기다리고 있다. 알을 낳는 능력이 뛰어난 여왕은 당연히 일개미들에 이끌려 새 나뭇집으로 실려 간다. 만약 알을 낳는 능력이 떨어진다고 판단하면, 일개미는 여왕을 운반하려 하지 않는다. 데리고 옮겨 갈 가치가 없다는 낙인이 찍히는 것이다. 그리고 이등 여왕개미가 새로운 여왕 자리에 오른다. 아무 일도 없었던 것처럼 왕국은 유지되어간다.

일개미는 쉴 틈 없이 여왕을 줄곧 돌본다. 여왕개미는 쉴 새 없이 알을 낳는다. 끊임없이 노동하는 일꾼개미와 알을 연거푸 낳는 여왕개미. 진짜로 부림을 당하는 것은 어느 쪽일까?

일개미들은 나이를 먹어 산란능력이 낮아진 여왕개미를 거들떠보지도 않고 가차 없이 내다버린다.

여왕으로 군림했던 여왕개미는 어쩌면 오지랖 넓게도, 일개미를 불쌍히 여겨본 적이 있었을지 모른다. 그러나 이제 일개미는 늙은 여왕개미를 가련하게 여기지 않고 인정사정없이 내팽개치고는 매정하게 떠나가버린다. 그러면 여왕개미에게, 나뭇집은 목관(木棺)으로 돌변한다.

수많은 새끼를 낳은 추억이 담긴 오래된 나무 방에 그녀만 쓸쓸히 남겨져, 죽어간다.

이게 여왕이었던 그녀의 최후이다.

진딧물은 아무리 많은 수를 낳아도 차례차례 잡아먹힐 뿐이다.

그러나 병정 진딧물들이 자기를 희생해 싸우면 동료의 생명을 구할 수 있다.

자신은 자손을 낳지 못해도, 같은 유전자를 가진 무리의 생명을 지킬 수 있다면

그것은 자신의 유전자를 남긴 거나 마찬가지이다.

그래서 병정 진딧물은 목숨 바쳐 싸우는 것이다.

태어날 때부터
정해진 운명이 있다면

그녀는 싸우기 위해 태어났다.

그녀는 전사(戰士)이다.

그녀는 싸우기 위해 태어났다.

싸움으로 살고, 싸우다 죽어간다. 이것이 그녀에게 주어진 숙명이다.

영화라면 이 이야기는 이런 내레이션으로 시작되지 않을까?

그녀는 병정 진딧물이다. '그녀'라고 부르는 까닭은, 모든 병정 진딧물은 '암컷'이기 때문이다.

병정 진딧물은 진딧물과에 속한 하나의 종(種)을 일컫는 말이 아니다.

개미나 흰개미 중에는 '병정개미'라는 '계급', 즉 둥지를 지키기 위한 전투용 일개미가 있다. 병정 진딧물도 그와 같다. 진딧물 무리 가운데에서도 개미나 흰개미와 마찬가지로 사회집단을 이루고 사는 종이 있고, 그중에는 병정개미와 같은 전투용 개체를 가진 군체가 있다. 이 '전투용 개체'가 '병정 진딧물'이다. 병정 진딧물은 싸우기 위해 태어났다.

진딧물 무리는 4,000종 이상으로 알려져 있는데, 그중 50종가량이 '병정 진딧물'이라는 '계급'을 갖고 있다고 한다.

그건 그렇고, 병정 진딧물은 기구한 운명을 짊어진 존재이다.

개미나 흰개미의 병정개미는 어릴 적에는 다른 일개미와 똑같이 길러지고, 어른벌레가 되었을 때 비로소 병사로서의 책무를 다한다. 그러나 병정 진딧물은 그렇지 않다. 그녀들은 태어날 때부터 싸울 수 있는 전투병이다.

그녀들에게는 태어날 때부터 무기가 있다. 그것은 두꺼운 피부도 꿰뚫는 날카로운 입침(口針)이다. 침에는 독이 주입되어 있어서, 적을 단박에 쓰러뜨릴 수 있다. 이리하여 그녀들은 진딧물을 먹잇감으로 삼는 천적 곤충들로부터 무리를 지켜낸다.

그뿐만이 아니다. 그녀들은 모두 '소녀 병사'이다. 보통 진딧물은 알에서 태어난 한 살배기 유충 때부터 탈바꿈을 되풀이하다가 이윽고 어른벌레가 된다. 그런데 병정 진딧물은 갓 태어나 한 살밖에 먹지 않은 애벌레인 채, 더 자라지 않는다. 성장의 구조가 갖춰져 있지 않은 것이다.

곤충에게 '어른벌레'란 자손을 남기기 위한 번식 세대이다. 하지만 병정 진딧물에게 주어진 사명은 다른 진딧물을 지키는 일이다. 전투를 하기 위해 태어난 그녀들이 자손을 낳을 필요가 없다면, 성장을 할 필요조차 없는 것이다. 그녀들은 애벌레인 채로 끊임없이 싸우다 애벌레인 채로 죽어간다. 어린 소녀 병사로서 늘 최전선에서 특공 임무를 무한 반복하는 것이 숙명이다.

보통 진딧물의 수명은 한 달가량이다. 진딧물을 노리는 천적은 많다. 위험한 싸움을 할 수밖에 없는 병정 진딧물의 수명은 분명치 않지만, 천수를 다 누리는 앳된 소녀 병사는 많지 않을 것이다.

〈스타워즈〉 같은 SF 영화를 보면 클론으로 양산된 병사가 등장한다. 우리 일상에서는 이를 찾아볼 수 없지만 자연에는 존재한다. 놀랍게도 병정 진딧물은 현실에 존재하는 클론 병사이다.

진딧물의 암컷은 처녀생식으로 자신과 똑같은 유전자를 가진 새끼 클론을 낳을 수 있다. 당연히 암컷이 처녀생식으로 낳은 클론 애벌레는 모두 암컷이다. 이 가운데에서 어떤 개체는 보통 진딧물로 태어나 어른벌레로 자라고, 어떤 개체는 처음부터 전투용 병사라는 '태생적 계급'으로 태어난다. 같은 유전자를 물려받은 '자매'이면서도, 한쪽은 태어나면서부터 병사로 운명 지어져 평생 싸우기만 하다가 죽어야 하는 숙명을 안고 살아가는 것이다.

클론은 유전적으로 같은 형질을 가진 복제이자 부모의 분신이다. 같은 클론으로 태어나면서 처음부터 부모를 지키기 위한 전투병으로 태어나는 애벌레들. 그리고 그녀들은 성장하지 않고 애벌레인 채로 죽어간다. 이 무슨 슬픈 운명의 장난이란 말인가.

진딧물은 곤충 중에서도 약한 존재이다. 부전나비, 풀잠자리 애벌레, 무당벌레 등, 진딧물을 잡아먹는 곤충은 많다. 아무리 많은 수를 낳아도 차례차례 잡아먹힐 뿐이다.

그러나 병정 진딧물들이 자기를 희생해 싸우면 동료의 생명을 구할 수 있다. 자신은 자손을 낳지 못해도, 같은 유전자를 가진 무리의 생명을 지킬 수 있다면 그것은 자신의 유전자를 남긴 거나 마찬가지이다. 그래서 병정 진딧물은 식구들을 위해 목숨 바쳐 싸우는 것이다.

같은 유전자를 가진 클론이면서 어떻게 일부는 전투용 애벌레로 만들어지는지, 그 메커니즘은 아직 수수께끼이다.

갓 태어나서부터 평생을 한 살배기 애벌레인 채로 싸우는 그녀는 1밀리미터도 채 안 되는 작은 몸뚱이다. 진딧물을 덮치는 벌레들의 크기가 고작 몇 센티미터라고 해도 병정 진딧물에 비하면 훨씬 더 크다. 병정 진딧물은 그 큰 벌레에게 덤벼들어 입침을 푹 찌른다. 찔린 천적 곤충은 당연히 길길이 날뛰며 병정 진딧물을 흔들어 떨어뜨리려고 한다. 죽음을 아랑곳하지 않는 너무나도 무모한 싸움 방식이다.

그러나 그녀들에게는 싸우다 죽는 것이야말로 숙원을 이루는 중대사이다. 전투 영화나 게임의 세계처럼 멋있는 광경도 아니고 아름다운 이야기도 아니다. 전투란 '생즉사, 사즉생(生卽死, 死卽生)' 의 법칙이 작동하는 병법의 세계다. 죽기를 각오한 병사는 살고,

요행히 살아남기를 바라는 병사는 죽는다. 이러한 군율이 관통하는 것은 작은 벌레인 진딧물의 세계에서도 매일반이다.

소녀 병정 진딧물이 무리를 지키기 위해서만 태어났다고 하면 왠지 으스스하고 잔혹한 느낌이 들지 모른다. 그러나 우리 몸속에서도 똑같은 일이 벌어지고 있다.

우리의 몸은 원래 단 한 개의 수정란이었다. 단세포 생물이었다는 얘기이다. 이 단 한 개의 세포가 세포 분열을 되풀이하여 다양한 기관을 만들었다. 그리고 60조 개가량이나 되는 세포들이 분업하면서 하나의 생물체가 원활하게 생명 활동을 영위하도록 해준다.

가령 혈액 속의 백혈구는 체내에 침입한 세균이나 바이러스를 자신의 몸속에 집어넣어 죽여버린다. 그리고 자신도 이윽고 죽어간다. 백혈구는 우리의 수많은 세포 중에서 싸우기 위해 생겨난 방어 세포인 셈이다. 상처에 생기는 고름은 싸우다 죽어간 백혈구의 잔해이다.

백혈구야 원래 그런 역할을 하는 '물질' 아닌가 생각할지 모르지만, 백혈구는 물질이 아니다. 다른 세포와 마찬가지로 살아 있는 하나의 세포이다. 우리의 시작이 수정란이라는 한 개의 세포였다면, 싸우다 죽어가는 백혈구 또한 우리의 분신이라고 할 수 있다. 우리 몸속은 백혈구가 지켜주는 덕분에 다른 세포들이 계속 살 수 있고 우리의 몸도 건강을 유지할 수 있다.

그리고 진딧물의 세계에서는 병정 진딧물이 지켜주는 덕분에 진딧물의 콜로니가 평화롭게 유지된다.

생명은 존귀하고, 이처럼 잔혹한 것이다.

날씨가 추워지기 시작하면서 먹이로 삼는 식물이 시들면,

척박한 환경에 적응할 수 있는 자손을 낳을 필요가 있다.

가을의 끝자락 무렵, 유성세대 진딧물은 날개로 이동해 다양한 유전자를 지닌

아들딸들을 남긴다. 진딧물 무리는 무성생식과 유성생식을 번갈아 하는

임기응변의 재주를 부리는 것이다.

눈처럼 흩날리며
짝을 찾는 요정

가을은 애달픈 계절이다.

가을이 깊어갈수록 겨울의 전조를 가까이 느낄 수 있다.

겨울이 지나면 봄이 성큼 다가온다. 무릇 겨울이 있어야 봄의 따스함을 기껍게 즐길 수 있다.

그렇게 마냥 한가한 수다를 떨 수 있는 건 인간뿐일 것이다.

자연계에서 살아가는 목숨붙이들이 혹독한 겨울을 이겨내고 봄을 맞이할 수 있다는 보장은 없다. 봄을 맞이하지 못한 채 수명을 다하고 마는 목숨줄들도 많다. 아니, 겨울을 날 기회라도 얻을 수 있는 생물은 차라리 행복하다.

봄, 여름, 가을, 겨울. 사계절을 체험할 수 있는 생명체는 그리 많지 않다. 곤충 따위는 수명이 1년 이내인 놈이 많다. 월동하지 않고, 겨울을 앞두고 죽고 마는 것이 태반이다.

많은 생물이 숨을 거두는 겨울.

그런 겨울이 왔음을 알리는 풍물시로 친숙한 생명체가 있다.

이 목숨붙이는 이노우에 야스시(井上靖)가 자신의 어린 시절을 묘사한 자전 소설의 제목으로도 익히 알려져 있다. 「시로밤바」가 그것이다.

소설 「시로밤바」에 이런 풍경이 그려져 있다.

지금으로부터 40여 년 전의 일이지만, 해 질 녘이 되면, 으레 마을 아이들은 한목소리로 "시로밤바! 시로밤바!"라고 소리를 지르며, 집 앞의 거리를 저리 뛰어다니거나, 이리 뛰어다니거나 하면서, 땅거미가 자욱이 끼어들기 시작한 공간을 솜 지스러기라도 흩날리듯 떠다니고 있는 하얗고 작은 생물을 쫓아다니며 놀았다.

'시로밤바'는 백발 노파라는 뜻이다. 할머니의 흰머리가 휘날리듯 부유하는 이 생명체의 정체는 솜진디로, 진딧물과 같은 무리이다.

솜진디는 속칭으로 '눈 벌레(雪蟲, 유키무시)'라고도 한다. 마치 가루눈이 흩날리듯 날아다녀 그런 이름이 붙었다. 지방에 따라 '눈 요정(雪ん子, 유킨코)'나 '눈 반디(雪螢, 유키호타루)' 따위처럼 낭만적인 이름을 붙여주는 호사도 베풀어준다.

눈처럼 보이는 솜진디는 하얀 왁스 모양의 물질을 솜처럼 두르고 있다. 그래서 하얗게 보이는 것이다.

솜진디가 나는 모습은 정말로 눈이 흩날리는 것처럼 보인다. 솜진디에게도 날아다니기 위한 날개가 있지만 나는 힘이 약해, 오히려 이 폭신폭신한 솜으로 바람을 타고 날아간다. 그야말로 눈의 요정이다.

그렇다 치고, 겨울의 방문을 알리는 이 눈 벌레는 왜 눈이 흩날리는 시기에 갑자기 나타나는 것일까?

솜진디는 진딧물 무리에 속한다. 진딧물은 흔히 이동하기 위한 날개를 가지고 있지 않다.

진딧물과(科)는 수컷이 없어도 암진딧물만으로 클론 자손을 낳는 '단위생식(무성생식)' 능력을 갖고 있다. 식물이 왕성하게 자라 무성한 잎과 다육(多肉) 다즙(多汁)의 새 줄기가 풍성한 봄과 여름에는 수액을 빨아먹는 진딧물 무리 사이에서 경쟁이 치열하다. 그래서 짝을 찾거나 수컷을 낳는 데에 허송세월을 보낼 여유가 없다. 그래서 암진딧물이 클론을 낳아 증식해가는데, 사실은 알을 낳는 게 아니라 몸속에서 알을 부화시켜 애벌레를 낳는다. 당연히 암진딧물이 낳은 클론들은 모두 암컷이다. 이 암컷들이 다시 클론 암컷을 낳고 차츰차츰 클론을 빠르게 늘려간다. 진딧물이 봄부터 가을 사이에 폭발적으로 증가하는 이유이다.

이렇듯 클론으로 대량증가해가는 방식은 개체생산성 측면에서 매우 효율적이다. 하지만 문제도 있다. 암컷 클론으로만 늘어난 무성세대 개체들은 모두 같은 유전형질을 가진 집단이다. 때문에, 환경이 맞지 않으면 전멸해버릴 위험이 크다. 그래서 개체군을 늘리는 데 효율성은 떨어지지만, 수컷과 암컷이 교배해 유전자가 다양한 유성세대 아들딸을 남겨 생존 확률을 높이는 번식 방법도 필요하다.

설충이라고 불리는 진딧물은 몇 가지 종류가 있다. 대표적인 설충인 물푸레면충은 가을의 끝자락이 오면 날개가 있는 암컷을 낳는다. 이 암컷은 하늘을 날며 이리저리 옮겨가 수컷과 암컷을 낳고, 태어난 수컷과 암컷이 짝짓기하여 월동을 위한 알을 낳는다.

이처럼 진딧물은 봄부터 가을 사이에 대량의 무성세대 클론을 능률적으로 복제해 증식한다. 하지만 날씨가 추워지기 시작하면서 먹이로 삼는 식물이 성장을 멈추거나 시들면, 이 예측할 수 없는 척박한 환경에 적응할 수 있는 자손을 낳을 필요가 있다. 이때가 바로 암컷이 아들과 딸이라는 유성세대를 생성하는 시기이다. 무성세대와 달리 이들은 날개가 있다. 가을의 끝자락 무렵에, 이 유성세대 진딧물은 날개로 이동해 새로운 서식지로 분포 영역을 넓히면서 낯선 환경에 무난히 적응할 수 있도록 다양한 유전자를 지닌 아들딸들을 남긴다. 진딧물 무리는 무성생식과 유성생식, 이 두 가지 번식 전략을 상황에 따라 번갈아 하는 임기응변의 재주를 부리는 것이다.

솜진디도 다른 진딧물과 마찬가지로 가을의 끝 무렵이 오면 날개로 날아 오른다. 눈처럼 흩날리며 파트너를 찾는다.

날개를 가지고 태어난 암컷은 여름이라는 계절을 모른다. 그러나 사랑을 갈구하도록 목숨을 부여받은 존재이다. 가을의 끝자락은 진딧물들이 짧은 구애를 펼치는 계절이다.

겨울이 온다는 전조인 설충은 겨울이 찾아오면 죽고 만다. 짧디짧은 목숨이다. 설충들의 목숨은 첫눈처럼 덧없다.

설충은 연약한 존재이기도 하다. 공중에서 흩날리는 설충을 손바닥으로 잡으면, 인간의 체온으로 금방 쇠약해지고 만다. 바람에 날아간 설충들이 자동차 앞 유리에 붙으면 다시 날아 오르지 못하고 유리 위에서 그대로 생명이 끝나버린다. 정말로 덧없이 죽어가는 목숨붙이다.

설충이란 이름을 누가 붙였을까?

정말로 눈이 녹듯이, 목숨이 고요히 사멸해간다.

호리구치 다이가쿠(堀口大學)의 시 중에, 봄이 가까이 다가와 녹아가는 눈을 자신의 몸에 빗댄 「노설(老雪)」이라는 시가 있다

북국(北國, 홋카이도)도 4월 한창에는
눈 녹아 사라져가는구나
빛바래고 향기 사라진
내 모양새를 닮았구나

피는 꽃 보지 못했거늘 떨어지고

— 시집 『저녁의 무지개』(1957) 중에서

눈이 녹으면 새로운 생명이 움트는 봄이 온다. 그러나 눈은 봄이라는 계절을 볼 수 없다.

가을의 끝자락에 태어나 겨울이 찾아옴과 동시에 죽어가는 설충들은 겨울이라는 계절밖에 모른다.

그런데도 봄이 오면, 설충들의 알에서는 새 생명이 한꺼번에 여럿이 태어난다.

그러나 어미 설충들은 그 봄을 몸소 눈에 담아볼 수 없는 노릇이다.

벌거숭이뻐드렁니쥐.

이들에게서는 노화 현상을 찾아볼 수 없다.

그 생태의 수수께끼를 풀어내면

인간의 불로장수도 현실화되지 않을까.

늙지 않더라도
죽음은 곁에 있다

벌거숭이뻐드렁니쥐.

이름 그대로 '벌거숭이'에, '뻐드렁니'가 삐죽 벋난 '쥐'이다.

겉모양을 보면 그런 이름이 쉬이 납득이 간다.

몸은 털이 없는 벌거숭이인 데다, 삽처럼 생긴 입을 다물어도 이가 벋어 나와 있다. 매우 기묘하고 볼품없는 꼴이다.

작달막한 다리로 꿈적이며 움직이는 벌거숭이뻐드렁니쥐는 지하에 굴을 파고 식물의 뿌리 같은 걸 먹이로 삼아 살아간다. 굴 안은 온도가 안정되어 있기 때문에 보온을 위한 체모는 퇴화하고, 또 입을 닫은 채 굴을 팔 수 있도록 이빨이 쑥 벋어 나온 구조로 진화했다.

벌거숭이뻐드렁니쥐가 발견된 것은 20세기도 후반 들어서이다. 동아프리카 건조 지대의 지하 공동체에서 서식하는 이 생물은 그때까지 사람들의 눈에 띄지 않았다.

발견된 지 얼마 안 된 벌거숭이뻐드렁니쥐에게는 아직도 수수께끼가 많지만, 연구가 진행됨에 따라 매우 기묘한 포유류인 게 밝혀지고 있다.

쥐의 무리치고는 이상야릇한 외모를 하고 있기도 하지만, 그 생태는 더욱 괴상하기 이를 데 없다.

사실 벌거숭이뻐드렁니쥐는 젖먹이동물임에도 불구하고, 지하

생활을 하는 곤충인 개미와 생태가 비슷하다.

개미 무리는 알을 낳는 여왕개미와 둥지를 돌보는 일개미, 보금자리를 지키는 병정개미 따위로 각 계급의 역할 분담이 나뉘어 있다. 벌거숭이뻐드렁니쥐도 개미와 마찬가지로 땅속에 콜로니를 조직하고, 새끼를 낳는 한 마리의 번식 암컷 여왕과 소수의 번식 수컷 그리고 수컷도 암컷도 생식기관이 발달하지 않아 자손을 남기지 않는 병사와 일꾼으로 구성되어 있다. 뭐라고 형용해야 할지 모를 만큼 기묘한 포유류이다.

이처럼 번식 행위를 하는 개체와 하지 않는 개체가 역할을 분담하는 것을 '진사회성'이라고 부른다. 곤충계에서는 개미 외에 말벌이나 꿀벌 등속에서도 널리 볼 수 있다. 그러나 곤충과는 다르게 진화를 해온 포유류 무리로는 극히 희귀한 형질이다.

물론 포유류인 벌거숭이뻐드렁니쥐는 개미나 흰개미와 다른 형질도 갖고 있다. 개미나 흰개미는 클론 자손을 남길 수 있지만, 포유류는 클론 자손을 만들 수 없다. 또 개미나 흰개미는 하루에 수십에서 수백 개의 알을 날마다 계속 낳을 수 있지만, 벌거숭이뻐드렁니쥐는 두 달 남짓한 임신 기간이 있고, 여느 쥐와 마찬가지로 한 번에 출산하는 개체 수가 열 마리가량이다.

또 벌거숭이뻐드렁니쥐는 개미나 흰개미처럼 계급이 명확하게 나뉘어 있지 않다. 어느 암컷이나 여왕이 되고, 어느 수컷이나 왕이 될 자격이 있다. 그 때문에 여왕은 무리의 질서를 지키기 위해 늘 지하의 둥지 안을 돌며 페로몬을 분비해 일꾼들의 번식 행동을 억제한다. 모반을 용서하지 않겠다는 것이다.

심지어 일꾼이라고 불리는 개체도 태어나면서부터 노동자 계급은 아니다. 일꾼은 여왕의 똥을 먹음으로써 비로소 모성을 획득해 여왕이 낳은 새끼를 키우게 된다고 알려져 있다.

그뿐만이 아니다. 벌거숭이뻐드렁니쥐에게는 한층 더 신기한 구석이 있다.

놀랍게도 노화 현상을 찾아볼 수 없다는 것이다. 그래서 그 생태의 수수께끼를 풀어내면 인간의 불로장수도 현실화되지 않을까 하고 기대하고 있다.

하지만 털이 나지 않아 쭈글쭈글한 피부를 한 벌거숭이뻐드렁니쥐는 나이와 상관없이 어느 개체나 늙어 보인다. 젊었을 때 늙은 얼굴을 한 사람은 나이가 들어도 변하지 않는다고들 하는데, 애초부터 늙은 몸처럼 보이는 벌거숭이뻐드렁니쥐도 노화하지 않는다는 것이다.

'노화하지 않는다'는 특성이 신기하기는 하지만, 가만 생각해 보면 사실은 '노화한다'는 것이 이상한 현상이다.

우리는 나이가 들면 몸 여기저기가 부실해지는 것을 당연하다고 생각할지 모르지만, 그렇지 않다.

가전제품이나 자동차는 연수가 지나면 낡아빠진다. 그러나 인간의 몸은 줄곧 같은 세포를 계속 사용하고 있지 않다. 인간의 몸은 신진대사에 따라 세포 분열을 반복하고 있으며, 항상 새로운 세포가 계속 태어나고 있다. 가령 피부 세포는 한 달 새 모두가 새롭게 태어나 교체된다. 그래서 우리 몸은 이제 막 태어난 세포로 감싸여 있다. 갓 태어난 아기와 같이 말이다.

그렇지만 우리의 피부를 들여다보면 아기처럼 뽀송뽀송하게 싱싱하거나 팔팔하게 쌩쌩하지 않다. '세포는 노화한다'는 프로그램을 가지고 있기 때문이다.

원래 세포 분열을 되풀이하기만 하는 단세포 생물은 '늙어 죽는' 일이 없었다. 그러나 단세포 생물이 다세포 생물로 진화하는 과정에서, 생명은 '늙고 죽는다'는 구조를 만들어냈다. 다세포 생물의 세포 스스로가 노화하고 사멸하는 것을 선택했다는 이야기다. 세포에는 스스로 죽기 위한 프로그램이 들어 있는 것이다. 이러한 세포 자살을 아폽토시스(apoptosis), 곧 '프로그램된 죽음'이라고 한다.

'옛것을 파괴하고 새것을 창조한다.'

이것이 생명이 만들어낸 시스템이다. 즉 '죽지 않는' 단세포 생물은 오래된 유형이고, '늙어서 죽는' 생물이 고도로 새로운 타입이다.

세포 속의 염색체에는 텔로미어라고 하는 부분이 있다. 이 텔로미어는 세포 분열을 할 때마다 짧아지는 것으로 알려져 있는데, 이게 노화의 원인으로 여겨지고 있다.

텔로미어는 늙어서 죽기 위해 준비된 타이머이다. 텔로미어가 시시각각 죽음의 초읽기를 새겨가는 것이다. 텔로미어만 없다면 사람은 노화하지 않고 불로불사를 실현하지 않을까 하는 궁리도 있다.

그러나 생물은 일부러 텔로미어를 진화시켜왔다.

생물은 진화 과정에서 생존에 불필요한 유전 정보는 도태시키고, 기능하지 않는 구조는 퇴화시켜왔다. 만약 노화하는 구조가 생물에게 불리한 성질이라면, 생물은 자신의 유전자에서 텔로미어를 제거하거나 기능을 억제하는 정도의 일은 벌써 실현했을 것이다.

텔로미어는 생물이 스스로 획득한 시한 장치이다. '늙어서 죽는' 건, 생물이 간절히 원하는 현상이다.

생명은 세대교체를 진행하기 위해, '늙어 죽는' 짜임새를 만들어냈다. 그러나 벌거숭이뻐드렁니쥐는 이 노화라는 틀을 없애버렸다. 돌고래의 다리, 두더지의 눈, 인간의 꼬리가 퇴화한 것처럼, 벌거숭이뻐드렁니쥐는 '노화한다'는 생물의 근원적인 형질을 퇴화시켜버린 것이다.

벌거숭이뻐드렁니쥐가 '노화'라는 얼개를 퇴화시켜 불로장생하는 까닭은 불분명하다.

다만, 추정할 수 있는 요인은 있다. 벌거숭이뻐드렁니쥐는 먹이가 적은 건조 지대에서 생존하기 위해 지하에 굴을 파고 군집을 이루며 살아간다. 미로 같은 이 굴은 먹이 저장실, 화장실, 널찍한 육아실이 주요 '고속도로'로 연결되어 복잡하게 뒤얽혀 있다. 새끼를 낳는 번식 암컷, 둥지를 지키는 병사, 먹이를 모으거나 둥지를 돌보는 일꾼이라는 분업이 발달한 무리를 만듦으로써 척박한 환경을 이겨내려는 것이다. 개미나 흰개미 등 분업화된 사회를 건설하는 곤충은 번식을 담당하는 암컷이 더 오래 산다. 벌거숭이뻐드렁니쥐도 자손을 더 많이 늘리기 위해 번식 암컷은 오래 살게 된 게 아닐까?

그렇다면 일꾼 벌거숭이뻐드렁니쥐가 노화하지 않는 까닭은 무엇일까?

번식 암컷들이 차례차례로 새끼를 낳아 콜로니를 키워나가기 때문에, 무리를 구성하고 있는 일꾼들은 모두 한 마리의 번식 암컷에서 태어난 형제자매이다. 일반적으로 동물은 새끼를 낳고, 그 새끼가 다시 새끼를 낳고 하는 것처럼 세대교체를 진행하면서 증가해간다. 이렇게 해서 새로운 개체에게 유전자가 인계되고, 오래된 개체는 불필요해진다. 그래서 오래된 개체는 늙으면 죽는 것이다.

그러나 벌거숭이뻐드렁니쥐는 태어난 새끼들이 모조리 일꾼 노동자로서 새끼를 낳을 일이 없기 때문에 세대교체를 할 일도 없다. 형제자매를 늘려가는 벌거숭이뻐드렁니쥐식 번식 방법에서는 오래된 개체가 죽을 필요가 없다. 오히려 오래된 개체도 새로운 형제자매와 마찬가지로 둥지를 위해 집안일을 하는 편이 지하 공동체의 힘이 되며 집단을 커지게 한다. 그래서 벌거숭이뻐드렁니쥐가 노화하지 않고 오래 사는지도 모른다. 모든 포유류가 노화하는데도 유독 노화하지 않는 성질은 정말로 신기하기 짝이 없다.

벌거숭이뻐드렁니쥐의 수명은 분명치 않다. 이제껏 30년 넘게 살며 장수한 개체까지 확인되고 있는데, 쥐 무리의 수명이 길어야 수 년가량이 일반적이므로 30년이란 세월은 불로장수라고 하기 충분한 만수무강이다. 심지어 병에도 강하고 암에도 걸리기

어려운 신체 구조를 가지고 있다니 부러울 따름이다.

벌거숭이뻐드렁니쥐에게서 노화 현상을 볼 수 없다는 것이지, 죽지 않는다는 말은 아니다.

일반적으로 젖먹이동물은 나이가 들며 노화가 진행되어 몸이 약해지거나 병에 걸리기 쉬워져 사망률이 올라간다. 그런데 벌거숭이뻐드렁니쥐는 나이에 상관없이 사망률이 일정하다. 이것이 벌거숭이뻐드렁니쥐가 불로장수한다고 말하는 연유이다.

병에 강하다고 해서 병에 걸리지 않는 것은 아니다. 또 자연계에서는 상처를 입거나 다치거나 하는 경우도 잦다. 노화가 없어 노쇠로 죽는 일이 없는 벌거숭이뻐드렁니쥐의 최후는 질병이나 부상이다. 노쇠로 죽는 일 따위는 허용되지 않는 것이다.

나이가 들어서만 몸이 약해지거나 사고를 당하거나 병에 걸리기 쉬운 것은 결코 아니다. 젊은 개체이든 나이든 개체이든 사고를 당해 죽거나 병에 걸려 죽는다.

늙지 않더라도 죽음은 늘 곁에 있다. 그런 것이다.

일벌의 수명은 한 달 남짓.

뭐라고 꼬집어 형용할 수도 없이,

이 얼마나 가련한 생애인가.

평생에 걸쳐 모은 것이
꿀 한 숟가락

꿀벌은 평생 동안 쉬지 않고 일해서 겨우 한 숟가락의 꿀을 모은 다고 한다.

뭐라고 꼬집어 형용할 수도 없이, 이 얼마나 가련한 생애인가.

일벌은 노동하기 위해 태어났다.

꿀벌의 세계는 계급 사회이다. 벌집에는 여왕벌 한 마리와 수 만 마리의 일벌이 있다. 여왕벌에게서 태어난 일벌은 모두 암벌이다. 이 수만 마리의 암일벌들은 스스로 자손을 남기는 기능을 갖지 않고, 콜로니를 위해 노동만 하다가 죽어간다.

꿀벌의 세계에서는 수없이 많이 태어난 애벌레 중에서 여왕이 될 벌이 간택된다. 그 선발 과정은 상세히 알려져 있지 않다. 여하튼 선발된 애벌레는 로열 젤리라는 특별한 먹이를 받아먹고 자란다. 그래서 몸길이가 11~14밀리미터인 일벌보다도 덩치가 커 15~20밀리미터가량 되는 여왕벌로 자란다. 그리고 여왕은 알을 낳고 자손을 늘려간다.

암일벌에게 둥지 안에 있는 많은 동료는 같은 여왕벌로부터 태어난 자매들이다. 자매는 같은 어버이로부터 유전자를 물려받았기 때문에 동료를 지키는 일이 자신의 유전자를 지키는 거나 마찬가지이다. 때문에 그녀들은 둥지의 동료들을 위해 힘껏 일하는 것이다.

그리고 자매 중에서 여왕벌이 뽑히면 거기서 태어날 다음 세대는 일벌에게 조카딸이다. 일벌 스스로는 자손을 남기지 못하더라도 자신의 유전자를 물려줄 수 있는 셈이다.

로열 젤리를 끼니로 받아먹는 여왕벌이 수년을 사는 데 반해 일벌의 수명은 한 달 남짓에 불과하다. 이 사이에 일벌들은 쉼 없이 연신 노동한다. 고된 격무에 시달리는 것이다.

암일벌 하면 꽃에서 꽃으로 이동하며 꿀을 채집한다는 인상이 강하지만, 일벌의 노무는 그것뿐만이 아니다.

어른이 된 일벌에게 주어지는 첫 번째 노동은 내근이다. 맨 처음에 둥지 안을 청소하거나 애벌레의 유모 역할을 맡는다. 이윽고 일벌은 둥지를 틀거나 모은 꿀을 관리하는 따위의 책임 있는 집안일을 맡게 된다. 이 무렵이 일벌의 커리어에서 가장 빛날 때일까?

한창 일할 나이도 지나가고 말년이 가까워지는 듯하면……?

청소년기가 지난 꿀벌들에게 주어지는 임무에는 위험이 많이 따른다.

처음 맡는 일은 둥지 밖에서 꿀을 지키는 호위 담당이다. 꿀벌에게 둥지 밖은 위험천만한 곳이다. '둥지 밖으로 나가라'는 것은 '긴장해야 할 임무를 맡으라'는 조직의 명령이나 마찬가지이다.

그리고 일벌의 경력에서 마지막의 마지막에 주어지는 노동이, 꽃을 찾아 날아다니며 꿀을 모으는 외근이다.

일벌의 수명은 한 달 남짓. 그 생애 후반 두 주간이 꽃을 찾아 돌아다니는 기간이다.

여태 보지 못한 세계로의 비상(飛翔). 그러나 둥지 밖에는 위험이 득시글하다. 거미나 개구리 등 꿀벌을 노리는 천적이 우글거리고, 강한 바람을 맞을지도 모르고, 비에 흠뻑 젖을 수도 있다.

꿀을 모으는 노동은 항상 죽음과 이웃하는 비상(非常)한 일이다. 언제 목숨을 잃을지 모른다. 한번 둥지를 떠나면 무사히 돌아올 수 있다는 보장이란 도무지 없다. 일벌들은 그런 위험한 세계를 향해 결사의 각오로 날아간다. 돌아오는 벌도 있고 돌아오지 못하는 벌도 있다. 이것이 꿀벌의 일상이다.

이런 가혹한 노동을 경험이 매우 얕은 벌에게 맡길 순 없는 노릇이다. 이때야말로 경험 많은 베테랑 벌의 힘을 보여줄 때이다. 여생이 얼마 남지 않은 벌이야말로 둥지를 위해 결사적으로 일할 수 있다. 마지막 멸사봉공(滅私奉公)으로서 동료를 위해, 다음 세대를 위해 위험한 소임을 맡는 것이다.

중장년기의 늙은 꿀벌은 부지런히 꽃에서 꽃으로 날아다니고, 꿀이나 꽃가루를 모으면 둥지로 가져간다. 그리고 다시 위험한 하계(下界)로 날아 내려온다. 이것을 쉬지 않고 다음 날도 그다음 날도 되풀이한다.

눈이 핑핑 돌 정도로 정신없이 노동만 하는 날도 머지않아 끝을 알린다.

위험을 무릅쓰고 날아오른 일벌은 어딘가 먼 곳에서 목숨을 다한다. 그것은 꽃밭일 수도 있고 다른 데일 수도 있다.

꿀벌 둥지는 아무튼 일벌의 노고로 직조되어 있다. 매일 엄청난 수의 일벌들이 어디에선가 목숨을 잃어가고 있을 것이다. 그러나, 그래도 상관없다. 여왕벌은 하루에 수천 개의 알을 낳는다. 엄청난 수의 새로운 일벌들이 노동현장으로 데뷔하는 것이다.

그러고 보니, 노동 시간이 길고 쉬는 날도 없이 일만 하는 일본의 샐러리맨들은 세계인들로부터 '일벌'이라는 비아냥을 받고 있다. 그런 일본 샐러리맨의 생애 수입은 평균 2억 500만 엔(20억 5,000만 원). 엄청난 금액이라고 생각할지 모르지만, 돈다발로 쌓으면 사무실 책상 위에 거뜬히 올라간다. 큰 보스턴 백에 넣고 들고 다닐 수 있는 부피이다.

우리도 평생 죽어라 일해봤자, 꿀벌이 모은 한 숟가락의 꿀을 비아냥댈 수만은 없는 신세인 것이다.

해마다 봄철 이를 때, 두꺼비들은 연못을 향해 행군한다.

숲과 연못을 오가는 생활은 조상으로부터 물려받은 습성이다.

두꺼비 한 마리가 차에 치인 것 같다.

어서 연못으로 가 신랑과 포접하고 알을 낳아야 하는데······.

그러나 이것으로 그 두꺼비는 모든 것이 끝장이다.

피하지도, 도망가지도 않고
걷고 걷는

'개구리 주의'라는 도로표지판이 세워져 있는 곳이 있다.

밤이 되면 엄청난 수의 두꺼비가 도로를 횡단한다. 그 때문에 차로 두꺼비를 치지 않도록 주의하라고 운전자들에게 당부하곤 한다.

그런데 왜 두꺼비들은 위험을 무릅쓰고 길을 가로지르려고 하는 것일까?

개구리 하면 물가에 서식한다는 이미지가 떠오르겠지만 두꺼비는 평소 숲속이나 초원 따위 육지에 서식한다. 단, 유생인 올챙이는 연못 같은 물속 아니면 살아갈 수 없다. 그래서 두꺼비는 산란을 위해 멀리 떨어진 연못을 향해 이동한다. 두꺼비가 살아가려면 숲과 연못이라는 두 가지 환경이 잘 갖추어진 풍요로운 생태계가 필요한 것이다.

두꺼비가 목적지로 삼고 있는 곳은 자신이 태어난 고향의 연못이다. 연못에서 태어난 두꺼비가 올챙이에서 새끼두꺼비로 탈바꿈하면 일제히 연못을 떠나 숲속으로 이동하고, 숲에서 성장해 성체가 된다. 그리고 어른이 된 두꺼비는, 연어나 송어가 자신이 태어난 강을 향해 거슬러 올라가듯, 고향 연못을 향해 혼인 여행을 떠난다. 연어나 송어는 평생 한 번의 여행만을 할 뿐이나, 두꺼비는 해마다 숲과 연못을 왕복하길 되풀이한다.

자연에서 두꺼비가 얼마나 오래 사는지는 명확하게 알려지지 않았지만, 10년 이상은 족히 살지 않을까 여겨진다.

두꺼비의 이동을 볼 수 있는 때는 초봄이다.

두꺼비는 이른 봄 시기에 겨울잠에서 깨어난다. 그리고 물가를 향해 걷기 시작한다.

두꺼비는 개구리 무리인데, 옛날에는 '가마(蝦蟇)'라고 불러 '개구리(蛙)'와 구별했다. 두꺼비는 다른 개구리처럼 깡충깡충 뛰지 않는다. 볼록한 몸에 달린 네 발로 땅 위를 어슬렁어슬렁 걸어서 옮겨 다닌다.

두꺼비는 밤에 이동한다. 습도가 높고 매우 따뜻한 밤이 두꺼비가 산란을 하기에 형편이 좋은 듯하다. 신기한 것은, 보름달이 뜨는 밤에 두꺼비의 산란이 절정을 이룬다는 것이다.

그래서인지 고대 중국에서는 보름달에 두꺼비가 살고 있다고 믿었다.

달빛이 어렴풋이 비추는 땅을 여기저기 걸어서 돌아다니는, 거칠고 우둘투둘한 피부를 지닌 두꺼비의 모습은 섬뜩해 보이지만, 신비롭기도 하다. 그래서인지 옛날 사람들은 두꺼비가 땅끝까지 기어가는 거라고 생각했다. 그리고 그 모습에 감동해 시가(詩歌)로 읊었다.

두꺼비를 노래한 시가 『만요슈(萬葉集)』에도 나온다.

　천하를 비추는 해와 달 아래
　하늘 구름 저편의 마지막의 마지막까지
　골짜기 건너 골짜기 끝의 끝까지
　대군(大君)이 다스리는 나라의 훌륭함이여
　ー 야마노우에노 오쿠라(山上憶良)

　골짜기란 두꺼비를 일컫는다. 이 노래는 "해와 달이 비추는 아래, 하늘의 구름이 드리우는 끝의 끝까지, 두꺼비가 기어 다니는 끝의 끝까지, 임금님이 다스리는 멋진 나라"라는 뜻이다.
　『만요슈』에는 또 이런 노래도 있다.

　산 메아리끼리 화답하는 마지막의 마지막까지
　골짜기 건너 골짜기 끝의 끝까지
　나라의 형세를 모두 둘러보고
　겨울나무가 싹을 틔우는 봄이 오면
　하늘 나는 새처럼 어서어서 돌아오세요
　ー 다카하시 무시마로(高橋虫麻呂)

이것은 후지와라노 우마메이가 규슈 전역의 군사를 감독하는 '서해절도사'에 임명되었을 때의 송별가로, "산 메아리의 메아리가 닿는 마지막의 마지막까지, 두꺼비가 기어 다니는 끝의 끝까지, 나라의 온 모양새를 둘러보시고, 겨울나무가 싹트는 봄이 되면 하늘을 나는 새처럼 어서 빨리 돌아오세요"라는 뜻이다.

이처럼 두꺼비는 어디까지라도 걸어간다고 생각했다.

실제로 두꺼비는 수십 킬로미터나 되는 거리를 걷는다고 하니, 땅끝까지 걷는다는 옛사람의 이야기도 결코 허풍만은 아니지 싶다.

이렇게 두꺼비는 태어난 고향의 연못을 향해 줄곧 걷고 걷는 기나긴 여로의 끝장을 보고야 만다.

그러나 시대는 바뀌었다. 바야흐로 우아한 만요(萬葉)의 시대가 아니다.

시대가 변해도 두꺼비는 변함없이 긴 거리를 기어서 걷는다. 그러나 요즘 두꺼비의 진로는 도로에서 가로막힌다. 당연히 두꺼비들은 그런 것일랑 당최 상관하지 않고, 옛날부터 전해오는 습성 그대로 고속도로도 아랑곳하지 않고 횡단하여 이동을 계속한다. 그것이 만요의 시대, 아니 그보다 훨씬 먼 옛날부터 두꺼비에게 이어져 내려온 의식이기 때문이다.

해마다 해마다 봄철 이를 때, 두꺼비들은 연못을 향해 뒤뚱뒤

뚱 기어서 행군한다.

숲과 연못을 오가는 생활은 이미 몇 대, 몇십 대, 몇백, 몇천 대나 더 전의 조상으로부터 물려받은 뼛속 깊은 유전자 습성이다. 그러므로 두꺼비들은 어떤 장애가 있든 간에 태어난 고향 연못을 향해 무턱대고 진군하는 것이다.

그렇다고 하더라도 차가 쌩쌩 오가는 도로를 늘쩡늘쩡 건너는 두꺼비는 아무래도 위태롭다.

헤드라이트가 어두운 도로를 비추면 무수한 두꺼비들이 모습을 드러낸다. 그리고 맹렬한 속도로 달리는 차의 타이어가 두꺼비 바로 옆을 스쳐 간다.

그러나 두꺼비는 주눅 들지 않는다. 피하지도 도망가지도 않고 오직 한결같이 고향 연못을 향해 나아간다. 두꺼비들은 앞으로 가는 곳에 있을 연못 생각밖에 없다.

차 한 대가 떠났다고 생각하면 또 다음 헤드라이트가 다가온다.

차가 아슬아슬하게 비켜 가도 또 다음 헤드라이트가 길바닥을 밝힌다.

아뿔싸! 바보.

두꺼비 한 마리가 차에 치인 것 같다.

짓눌려 뭉개진 내장이 두꺼비의 커다란 입으로 깡그리 쏟아져 나와 길 위에 어지러이 흩어졌다.

여기까지 어느 정도의 거리를 걸어왔을까? 연못까지는 앞으로 얼마나 더 가야 했을까?

어서 연못으로 가 신랑과 포접하고 알을 낳아야 하는데……. 그러나 이것으로 그 두꺼비는 모든 것이 끝장이다.

뒤에는 달만 가득 남아 둥둥 떠 있다. 그것으로 모든 게 마지막이다. 모두의 마지막은, 이렇듯 눈물겨운 것이다.

도롱이를 발견한 수컷은 도롱이 안에 배를 슥 밀어 넣고

번데기 안에 있는 암컷과 교미한다. 맞선이란 것도 없이 섞이는 것이다.

수컷에게는 아름답고 우아한 한때이다. 이 연애 의식이 끝나면 수컷은 죽는다.

남겨진 암컷은 도롱이에서 나오지 않고 그 속에 알을 낳는다.

그리고 조용히 한살이를 마감한다.

거의 한평생 집 밖으로
나가지 않는 삶

어느 외딴섬을 방문했을 때의 일이다. 반나절만 걸으면 한 바퀴 휭 돌 수 있을 만한 작은 섬이었는데, 그 섬에 사는 한 할머니의 이야기가 나그네인 나를 아연실색하게 했다.

놀랍게도 그 할머니는 태어난 후부터 단 한 번도 섬 밖으로 나가본 적이 없다는 것이다. 할머니는 섬을 오가는 정기선이 출항하는 항구도시를 '본토'라고 부르고 있었다.

할머니는 이 작은 섬에서 태어나, 섬 밖으로 나오지 않고 일생을 마치려 했다. 할머니에게는 작은 섬이 세계의 모두인 셈이었다.

할머니의 사연을 들으며 나는 왠지 도롱이벌레를 떠올렸다.

도롱이벌레는 별명이 '도깨비 아이'이다. 아빠 도깨비에게 버림받은 아이여서 후줄그레한 도롱이를 입고 있다는 것이다. 아빠 도깨비는 가을바람이 불어올 무렵이면 데리러 올 테니 그때까지 얌전히 기다리고 있으라고 말했다. 이 때문에 가을바람이 불면 도롱이벌레가 "아빠야, 아빠야"라며 아빠가 그리워 흐느껴 운다고 한다.

다만, 실제로 도롱이벌레는 울지 않는다. "아빠야, 아빠야"라며 우는 녀석은 귀뚜라밋과의 '긴꼬리'(방울벌레 비슷한 곤충)이다. 긴꼬리가 나무 위에서 '리리리리릿 리리릿릿릿' 하며 울기 때문에 옛날 사람들이 도롱이가 우는 줄 착각한 모양이다.

도롱이벌레는 가랑잎이나 마른 가지로 둥지를 틀고 그 안에 틀어박혀 산다. 그 꼬락서니가 허술한 도롱이를 입고 있는 것처럼 보인다고 해서 도롱이벌레라는 이름이 붙여졌다.

도롱이벌레의 정체는 주머니나방 애벌레이다.

몸에 털이 없는 애벌레는 새가 노린다. 그 때문에 가랑잎이나 마른 가지로 도롱이를 만들고 그 안에 꾸욱 숨어 몸을 지킨다. 이렇게 온몸을 보호하면서 도롱이 안에서 가끔 머리를 쭈뼛 내밀어 주위의 잎사귀를 먹기도 하고, 윗몸을 슥 내민 채 살금살금 이동하며 산다. 그리고 겨울이 오기 전에 도롱이를 나뭇가지에 꽁꽁 고정시키고 그 안에서 겨울을 난다.

겨울이 지나고 봄이 오면 도롱이벌레는 도롱이 안에서 번데기로 탈바꿈했다가 어른벌레로 자라 도롱이 밖으로 나온다. 그리고 짝을 찾아 날아 오른다.

그러나 고치 둥지 밖으로 나오는 놈은 수컷 도롱이벌레뿐이다.

암컷 도롱이벌레는 봄이 와도 둥지 밖으로 나오지 않는다. 고치 안에서 번데기로 탈바꿈했다가 어른 나방이 된 후에도 줄곧 도롱이 둥지 안에만 머무른다. 그리고 어른벌레가 된 수컷을 페로몬으로 불러들이기 위해 머리만 쑥 내놓고, 짝이 될 수컷이 날아올 때를 꾹꾹 기다린다.

둥지 밖에는 위험이 넘쳐난다. 둥지 안에 있으면 안전하다.

어른벌레가 되어도 번데기 안에 머무르는 암컷은 날개도 다리도 없이 구더기 같은 꼴을 하고 있다. 날개로 하늘을 나는 데는 엄청난 에너지가 필요하다. 그런 날개를 갖기보다, 조금이라도 더 몸을 살찌게 해서 더 많은 알을 낳는 쪽이 번식에 유리한 것이다.

이리하여 암컷은 둥지 안에서 생애의 대부분을 보낸다.

암컷이 거처하고 있는 도롱이를 발견한 수컷은 도롱이 안에 배를 슥 밀어 넣고 번데기 안에 있는 암컷과 교미한다. 이것으로 끝이다. 수컷과 암컷이 서로의 얼굴을 보지도 않고, 시쳇말로 맞선이란 것도 없이 섞이는 것이다. 일찍이 만요 시대에 지체 높고 고귀한 여성은 발[簾] 안쪽에 머무르며 남성에게 얼굴을 보여주지 않았다. 도롱이벌레 암컷은 흡사 헤이안 시대의 미녀 같다.

수컷에게는 아름답고 우아한 한때이다. 그리고 이 연애 의식이 끝나면 수컷은 죽는다. 남겨진 암컷은 도롱이에서 나오지 않고 도롱이 속에 알을 낳는다. 그리고 조용히 한살이를 마감한다.

도롱이 안에서 애벌레가 태어날 무렵에는 암컷의 몸이 완전히 바짝 말라버려서 도롱이 밖으로 자연스레 빠져나간다. 이것이 도롱이벌레 암컷의 최후의 모양새이다.

이윽고 애벌레들이 도롱이 밖으로 나가, 실을 늘려 늘어뜨리고, 바람을 타고 새로운 장소를 찾아 날아간다. 언젠가 이 아이들도 또 어디선가 도롱이를 짓겠지.

나는 그 외따로 떨어진 섬의 할머니를 떠올렸다.

작은 섬에서 나와본 적이 없는 할머니에게 인생이란 무엇일까?

그러나 나는 생각한다. 내 인생 또한 비슷비슷한 형국이라고.

나도 작은 마을에서 대부분의 나날을 보내고, 작은 섬나라(일본)를 나갈 일이 거의 없다. 가끔 해외여행을 떠난다고 해서 세계의 무언가를 아는 것도 아니다. 한정된 사람들을 만나고 집과 직장을 도돌이표처럼 왕래하며 하루하루를 살고 있다. 내 인생도 도롱이벌레 암컷과 무엇 하나 다를 바 없는 건 아닌지?

작은 둥지 속에도 행복은 있다. 도롱이벌레 암컷은 둥지 안에서 태어나 거의 한평생을 도롱이 보금자리 안에 깃들여 보내고, 그 집 안에서 목숨을 다한다.

봄이 되면 둥지 안에서 애벌레가 알에서 부화한 뒤 도롱이 밖으로 기어 나와 실을 늘어뜨리고, 이윽고 바람에 실려 날아간다. 그리고 새로운 땅에서 작은 도롱이를 만들고, 그 안에서 생애의 문을 닫는다.

그래도 도롱이벌레 암컷은 충분히 행복한 것 아닐까.

그렇게 생각할 수도 있지 않을까.

오늘도 아무 일도 일어나지 않았다.

그러나 그런 일로 기죽어서는

거미로서 생존할 수 없다.

특기는 하염없이
기다리기

이 이야기의 주인공은 한 마리의 암컷 무당거미이다.

이 무당거미는 공원 한 귀퉁이에 진 나무 그늘에 거미줄을 치고 있었다.

그녀의 어미인 암거미는 가을의 꽁무니 때 알을 슬더니 죽고 말았다.

이것이 무당거미의 숙명이다.

봄이 되면 알에서 부화한 새끼거미들은 나뭇가지 끝 같은 데 올라가 엉덩이에서 길게 실을 뽑아내, 그 실로 바람을 타고 하늘을 향해 날아 오른다. 민들레 씨앗이 솜털로 신세계를 향해 날아가듯, 새끼거미들도 드넓은 하늘로 이동한다.

그 여행의 세부 사항은 과묵한 그녀에게 듣지 않으면 알 수가 없다.

거미의 이동 거리는 100미터가량이라고 하는데, 수천 미터나 되는 상공을 날고 있는 새끼거미가 관찰되기도 한다니, 어쩌면 한 편의 영화 같은 대모험일지도 모르겠다.

이렇게 해서 암컷 무당거미는 이 공원에 와 거미집 둥지를 틀고 먹잇감을 사냥하며 살게 된 것이다.

알고 보면 거미라는 놈도 딱한 신세이다.

거미줄을 쳐서 다른 벌레를 먹거리로 삼는 거미는 인간들로부터 항상 악당 취급을 받는다. 곤충을 의인화하거나 사람이 작아져 곤충 세계를 방황하는 이야기에서, 거미는 늘 흉악한 괴물이다. 실수로 거미줄에 걸린 벌레나, 친구를 구하려고 등장인물들 모두 힘을 모은다. 그리고 거미에게 막 잡아먹히려는 위기일발의 찰나에 거미줄을 잡아 찢고 탈출한다. 그래서 해피엔드이다.

그러나 곰곰 생각하면 가혹한 이야기이다.

소동 뒤에 남겨진 거미는 허탈하다. 모처럼의 사냥감이 도망가버린 데다 소중한 보금자리까지 파괴되어버린 것이다.

거미는 먹잇감이 둥지에 걸리기를 지그시, 쫄쫄 굶으며 꾹 기다린다.

온종일 기다려도 사냥감이 걸리지 않는 것은 당연하다. 며칠에 한 번이라도 먹잇감이 걸리면 행운이라고 할 수 있다. 길게는 한 달 이상 아무것도 먹지 못하고 마냥 기다려야만 할 때도 있다. 그래서 거미는 절식을 견딜 수 있게 되었고, 에너지를 절약하기 위해 한결같이 움직이지 않는 채 꾸준히 참고 참으며 쭉 기다리는 것이다.

이야기의 주인공인 암컷 무당거미는 고독하다.

사냥감은 전혀 걸려들지 않는다. 오늘도 별일 없었다. 다음 날도 아무 일 없었다. 하지만 그녀는 다음 날도 그다음 날도 하염없이 사냥감만 기다리고 있었다.

그녀는 외롭다.

하지만 외톨이라는 건 그녀 자신만의 생각일 뿐, 사실 그녀는 쓸쓸하지 않다.

거미집 한가운데서는 모조리 무당거미 암컷만 눈에 띈다. 그런데 둥지를 지켜보노라면, 암컷 주위에서 작은 거미 몇 마리가 발견된다. 이 거미들은 사실 무당거미 수컷이다.

무당거미 암컷 성체의 몸길이가 2~3센티미터인 데 비해, 수컷 성체는 1센티미터가량밖에 안 된다. 이 작은 수컷들은 새끼일 적에는 따로따로 작은 거미줄을 치고 살다가, 여름이 와 어른이 되면 암컷의 거미줄로 모여들고, 그곳에서 숨죽인 채 얹혀산다. 더부살이이다.

무당거미 수컷은 암컷보다 한발 앞서 어른벌레가 되고 생식 능력을 갖춘다. 암컷의 거미집에 숨어 몰래 곁방살이를 하다, 암컷이 성체로 자라 생식 능력을 갖게 되면 바로 짝짓기를 한다.

머지않아 가을의 끄트머리가 오면 암컷 무당거미가 알을 낳고, 그 아이들은 다시 드넓은 하늘로 여행을 떠날 것이다. 그것이 거미의 한살이이다.

그런데 사냥감이 걸려들지 않는다.

무당거미는 하염없이 기다린다.

그녀는 조급할 것이 없다. 초조해하며 짜증 낼 까닭도 없다. 마냥 기다린다.

오늘도 아무 일도 일어나지 않았다. 그러나 그런 일로 기죽어서는 거미로서 생존할 수 없다. 그녀가 할 수 있는 일은 끊임없이 기다리는 것뿐이다.

다음 날도, 그다음 날도 그녀는 계속 기다렸다.

가끔 작은 수컷의 먹이가 될 만한 조그만 벌레가 걸려들어 배가 출출한 수컷들이 배고픔을 채우는 듯싶지만, 그런 작은 벌레로는 큰 몸인 그녀의 끼니가 되지 못한다.

며칠이나 더 기다렸을까?

어느 잔잔한 날 오후.

힘차게 날아온 잠자리 한 마리가 그녀의 거미줄에 걸려들었다. 다리에 난 촘촘한 솜털로 거미줄에 사냥감이 걸렸다는 것을 감지한 그녀는 눈에 보이지도 않을 만큼 재빨리 먹잇감을 능숙하게 덮치고, 토해낸 거미줄로 잠자리의 둘레 둘레를 움직이지 못하게 친친 감았다. 여러 날 기다리다 지쳐 나가떨어졌대도 이상할 게 없을 텐데, 놀라운 순발력이다.

그야말로 눈 깜짝할 사이에 벌어진 약육강식. 기세 좋게 날고 있던 잠자리에게는 한 치 앞도 분간 못 할 어두운 세상이라고나 할까.

무당거미는 발톱처럼 생긴 협각(鋏角)이 달린 입으로, 정말 오랜만에 진수성찬을 맛나게 즐긴다. 그 불쌍한 잠자리에게는 생의 마지막이지만.

죽음이란 속절없고, 어찌할 도리가 없는 현상이다. 죽음이란 어느 날 갑자기 찾아온다.

이것은 무당거미에게도 마찬가지이다.

다른 곤충에게는 무서운 존재인 거미도, 배가 출출한 새에게는 요깃거리일 뿐이다. 참새나 까마귀에게 급습당해 도망가지도 못하고 먹을거리 신세로 전락하는 무당거미도 많다.

먹는 것도 먹히는 것도, 누구에게나 생사가 걸린 자연의 삶이다. 이것이 자연계이다.

잡은 잠자리를 먹고 있는데 수컷이 황급히 그녀 곁으로 다가온다. 무당거미 암컷에게 움직이는 것은 모조리 먹잇감이다. 짝짓기를 하러 불쑥 찾아온 수컷 또한 그녀에게는 사냥감에 불과하다. 부주의하게 암컷에게 다가갔다간 수컷도 잡아먹혀버릴 수 있다. 이 때문에 암컷이 먹이에 정신이 팔려 있는 동안 짝짓기를 하는 것이다.

이윽고 그녀의 배 속에 새로운 생명이 깃들인다.

가을도 오롯이 깊어갈 무렵.

새에게 습격당해 목숨을 잃은 무당거미도 많은 와중에, 다행히 그녀는 아직 살아남아 있다. 다른 수컷이 그녀를 넘보는 것을 막기 위해서일까, 그녀의 짝이 된 수컷도 거미집 둥지에 머물러 있다.

이것이 생명의 힘이란 것일까? 새 생명체를 잉태한 그녀의 줄무늬는 반짝반짝 빛나도록 선명하다. 가을의 끝에서 겨울 어귀까지, 무당거미 암컷은 거미집에서 나무줄기 등속으로 이동하여 알을 슨다. 그리고 가랑잎 따위로 알을 덮어 숨긴다. 알을 낳느라 갖은 힘을 다 써버린 것일까, 알을 필사적으로 지키고 있었기 때문일까, 알을 끌어안은 듯 죽고 만 무당거미도 적지 않다.

알을 낳은 후 무당거미의 행동은 제각각이다. 거미집 둥지로 돌아가지 못하고 행방불명이 되어버리는 개체도 있다. 둥지로 돌아가서 그곳을 임종의 거처로 삼는 개체도 있다.

어쨌든 추위에 약한 무당거미는 겨울을 무사히 넘길 수 없다. 알을 다 낳은 무당거미에게, 남은 시간은 천천히 자신의 생애를 곱씹는 황혼인 것일까?

그녀는 거미줄 둥지로 돌아왔다. 기온이 내려가고 겨울이 부쩍 다가온다. 일기예보는 주말 한파의 도래를 알리고 있었다.

얼룩말의 세계에서 '노쇠'라는 말은 용납되지 않는다.

주력이 뛰어난 얼룩말은 사자에게 쉽게 사냥당하지 않지만,

나이를 먹어 달리는 능력이 조금이라도 떨어지거나

몸 상태가 나빠지면 사자의 먹잇감으로 안성맞춤이다.

얼룩말에게 노쇠란 없다. 그 전에 잡아먹히기 때문이다.

그들의 삶에 노쇠란 없다

놀랍게도 얼룩말의 망아지는 태어난 지 불과 몇 시간 만에 가느다란 다리로도 일어서고, 얼마 지나지 않아 뛰어다니거나 달릴 수 있다. 사람의 아기가 일어나서 아장아장 걷는 데 한 해가량 걸리는 것과 비교하면 경이적인 빠르기이다.

이렇게 재빨리 일어서는 까닭은, 일어나서 뛰고 달려야 생존할 수 있기 때문이다.

갓 태어난 망아지라고 해서 사자와 같은 육식 맹수가 적당히 봐줄 리 없다. 오히려 포획하기에 딱 좋은 사냥감을 찾아냈다는 듯이, 태어난 지 얼마 안 된 얼룩말을 겨냥해 덮쳐오기 마련이다.

태어난 얼룩말 가운데 어른이 될 때까지 얼추 대부분이 육식 맹수의 먹잇감이 되어버린다. 요행히 잡히지 않고 무사히 도망친 개체만이 살아남는다.

물론 성체가 된다고 완전히 안심할 수는 없는 노릇이다.

움직일 수 있는 예민한 귀로도 포식자의 접근을 알아채지 못한 채 조금이라도 주의를 게을리한 녀석은 거의 육식동물의 먹이가 된다. 한순간의 방심이 목숨을 앗아간다. 발이 조금 느린 놈은 늦게 도망치다 잡아먹히기 일쑤이다. 뻣뻣하고 줄무늬가 있는 갈기를 세우고 눈을 반뜩대며 더 조심조심, 주의를 더더욱 깊게 더, 더, 더 민첩하게 달려야만 살아남을 수 있다.

이렇게 얼룩말은 진화해왔다.

인간이 먼 미래에 어떻게 진화할지를 두고 미주알고주알 따질 때가 있다. 두뇌가 발달하여 머리가 유난히 큰 대갈장군이 되거나, 운동을 하지 않기 때문에 손발이 가늘어질 거라고 이러쿵저러쿵 어림짐작한다.

그러나 그러한 진화가 일어날 턱이 없을 듯하다.

그런 환경에 조금이라도 적응한 목숨붙이만 살아남고, 조금이라도 적응 못 한 생물은 멸종해간다. 이 적자생존이 진화의 원동력이다. 머리가 큰 개체가 살아남고 머리가 작은 개체는 죽어나가는 가혹한 시대가 열리면, 어쩌면 인간의 머리는 거대해져갈지도 모른다. 그러나 인간의 세계는 그렇지 않다. 냉혹한 생존 경쟁이 있어야만 비로소 진화가 일어나는 것이다.

얼룩말의 세계에서 '노쇠'라는 말은 용납되지 않는다.

주력이 뛰어난 얼룩말은 사자에게 쉽게 사냥당하지 않지만, 나이를 먹어 달리는 능력이 조금이라도 떨어지거나 몸 상태가 나빠지면 사자의 먹잇감으로 안성맞춤이다.

얼룩말에게 안락한 죽음이란 없다.

사자는 넘어뜨린 얼룩말의 숨통을 끊지만, 숨이 붙어 있는 채로 뜯어 먹어버리기도 한다. 습격당한 얼룩말은 어떻게든 몸을 움직이려고 아등바등하지만, 사자는 산 채로 부드러운 내장부터 먹어간다.

운 좋게 사자가 덮치지 않더라도, 병이 들거나 다쳐서 약해진 얼룩말 주위에는 대머리독수리들이 몰려든다. 대머리독수리들은 얼룩말이 죽을 때까지 기다리지 못하고 아직도 숨이 붙어 있는 얼룩말의 살을 쪼아 먹기 시작한다. 고통스럽기 그지없는 '죽어감'이다. 대머리독수리들이 한꺼번에 덮치면 얼룩말의 거대한 몸은 순식간에 뼈만 남는다.

어찌 됐든 마지막에는 먹혀서 죽는다. 그것이 얼룩말의 삶이다.

얼룩말이 동물원에서 살면 수명이 30년가량이라고 하지만, 야생 조건에서의 수명은 확실히 알 수 없다. 얼룩말에게 노쇠란 없다. 그 전에 잡아먹히기 때문이다.

'천수를 누린다.'

그런 행복한 자연사는 얼룩말의 세계에는 존재하지 않는다.

사자를 '백수의 왕'이라고 한다.

사자는 어제도 오늘도 계속 얼룩말을 덮친다.

얼룩말을 잡아 마음껏 포식해도, 오호통재라, 백수의 왕이라도 얼마 안 가 배가 또 고파진다.

얼룩말을 덮치는 건 암사자이다. 덩치가 크고 힘이 센 수사자는 무리를 이끌고, 사냥감을 잡기 위한 영역을 확보해 다른 사자 무리나 하이에나로부터 그곳을 지켜낸다. 그 수컷 덕분에 암컷들은 떼로 뭉쳐 사냥하며 얼룩말 등속의 초식동물을 잡아먹을 수 있다.

그러나 얼룩말도 무작정 당하기만 하는 머저리가 아니다. 목숨을 걸고 전속력으로 달리는 얼룩말 무리를 잡는 일은 사자에게도 간단치 않다. 사실인즉 사냥은 실패하는 경우가 더 많기 때문이다.

초식동물도 제 한 몸을 지키기 위해 나름대로 진화해왔다. 사자에게 코끼리나 코뿔소의 작은 새끼는 먹잇감이 되지만, 성체와는 맞겨룰 수 없다. 어른 코끼리나 코뿔소의 눈에 띄었다간 반격을 당해서 사자 쪽이 죽임을 당할지도 모른다.

물소나 누 등 솟과 초식동물들은 발달한 뿔로 사자를 위협한다. 사자들은 새끼를 노리다가 새끼를 지키는 어른 물소의 뿔에 치받히고, 경우에 따라서는 뿔에 찔려 숨통이 끊어질 수도 있다.

사자에게 끊임없이 목숨을 위협받는 피식자 초식동물들도 힘겹지만, 다른 동물을 잡아먹지 않으면 굶어 죽는 육식 포식자도 고달프기는 마찬가지이다. '최상위 포식자' 사자에게도 사냥은 목숨을 건 생존 투쟁이다. 사냥에 계속 실패하거나 사냥감이 없으면 사자도 굶을 수밖에 없다. 가장 먼저 희생당하는 쪽은 어린 사자 새끼이다.

얼룩말 같은 초식동물은 한 번 출산에 한 마리의 새끼를 낳는다. 그러나 사자는 한 번 출산에 두세 마리의 새끼를 낳는다. 많은 자식을 낳는 이유는, 사자 새끼가 살아남을 확률이 낮기 때문이다.

필사적으로 제 한 몸을 지키려고 아등바등하는 얼룩말의 뒷다리에 차여 다치는 암사자들도 있다. 다치거나 병이 들어 움직이지 못하는 사자는 이제 먹잇감을 사냥하지 못해 점점 더 병약해져간다. 부상과 질병, 굶주림을 견디면서 이윽고 다가올 죽음을 하릴없이 기다릴 수밖에 없다.

수사자도 마찬가지이다.

두꺼운 갈기가 인상적이고 강한 근육질의 수컷은 무리의 지도자로 군림한다. 그러나 힘없는 수컷은 무리에서 쫓겨난다. 이것이 사자 세계의 불문율이다.

왕인 리더도 영원하지 않다. 노쇠한 기미가 보이면 젊은 수컷에게 무리를 빼앗기고 쫓겨난다. 그리고 슬프게도, 왕의 피를 이어받은 사자 새끼들도 새로운 왕에게 잔혹한 죽임을 당한다. 왕의 피를 지킨다는 것은 만만치 않은 일이다.

쫓겨난 왕은 어떻게 될까?

암사자가 떼를 지어 얼룩말을 덮치는 것은 사냥이 그만큼 어렵다는 얘기이다. 백수의 왕이라 불리는 억센 수사자일지라도 혼자서 사냥을 하는 것은 간단치 않다. 할 수 있는 일이라곤 하이에나가 먹다 남은 송장 고기를 찾아 떠도는 정도이다. 쫓겨나 무리를 떠난 외톨이 수컷은 배불리 먹지 못해 점점 굶주림에 지치고 얼마 안 가서 움직일 수조차 없게 된다.

자연계는 약육강식. 먹느냐 먹히느냐의 세계이다. 힘을 잃은 사자는 이제 '먹히는' 존재일 뿐이다. 하이에나나 자칼, 대머리독수리는 굶주린 사자가 힘이 다 빠지기를 물끄러미 기다리고 있다.

사자는 동물원에서 30년가량 산다고 하는데, 야생에서는 10년도 채 못 산다고 한다.

백수의 왕인 사자에게조차 안락한 죽음이란 없다. 왕의 강인함을 잃었을 때가 사자에게는 '죽음'이다.

그렇게 사자 또한 잡아먹혀 죽어간다. 그것이 확정된 자연계의 섭리이다.

알에서 부화한 지 며칠이 지난 병아리는 닭장에 갇힌다.

이들의 거처는 창문 없는 닭장이다. 컴컴한 닭장 안,

모이 주변에만 희미한 불이 어슴푸레 켜져 있다.

그러다 점차 눈이 어둠에 익으면 어슴푸레하게 보이는

불빛 속에서 하얀 것이 어렴풋하게 떠오른다. 닭이다.

생후 달포 너머 남짓,
햇빛 보는 날이 제삿날

크리스마스 이브. 세상은 성탄전야 분위기로 뒤덮인다.

행복한 식탁에 차려진 맛있는 요리는, 오븐 안에서 노릇노릇하게 구워낸 치킨이다.

닭들에게는 참으로 운수 사나운 액일(厄日)이다. 이 밤을 위해 도대체 얼만큼의 닭이 목숨을 내놓고 오븐 안에서 다비(茶毘, 화장)되는 것일까?

닭은 우리 식생활에서 가장 가깝고 간편한 식재료 가운데 하나이다.

보통 닭고기 값은 100그램당 수십 엔(약 100원)에서 100엔(약 1,000원)가량까지로 싸다. 닭들의 목숨값이 그렇다.

닭은 지금 세계에서 200억 마리가량이 사육되고 있다. 세계 인구가 약 78억 명이니까, 인간의 2.5배가 넘는 닭이 길러지고 있는 셈이다.

산 채로, 목이 잘려서, 이것이 닭들이 죽는 방식이다.

닭고기는 '영계'라는 이름으로 팔리는 경우가 많다. 영계란 태어난 지 한 달 좀 더 지나 살이 연한 '연계(軟鷄)', 곧 약병아리이다. 인간이 고기를 먹을 수 있도록 개량된 브로일러는 생후 사오십 일 만에 출하된다. 이게 영계이다.

인간은 경제활동을 하는 동물이다. 이렇게 짧은 기간에 출하할 수 있으니 인간에게는 경제적 효율이 좋은, 실로 고마운 식량이라고 하겠다.

닭의 생애는 너무 짧다.

알에서 부화한 지 며칠이 지난 병아리는 닭장에 갇힌다. 그런데 이 세상에 살도록 생을 부여받은 이들의 거처는 '윈도리스(windowless)', 창문 없는 닭장이다. 밖에서 빛이 들어오지 않아 내부가 캄캄하다. 이렇듯 어둡게 해놔야 닭들이 운동을 하지 못하고, 효율적으로 크게 살만 뚱뚱 찌며 자랄 수 있다.

컴컴한 닭장 안, 모이 주변에만 희미한 불이 어슴푸레 켜져 있다. 밖에서 닭장 안으로 들어가 휙 둘러봐도 처음에는 눈에 익지 않아 아무것도 보이지 않는다.

그러다 점차 눈이 어둠에 익으면 어슴푸레하게 보이는 불빛 속에서 하얀 것이 어렴풋하게 떠오른다. 닭이다.

눈에 보이는 것은 죄다 닭이다. 닭장 안은 온통 닭이다. 닭들은 돌아다니지도 않고 어둠 속에서 눈만 띠룩띠룩 굴리며 옴쭉 서 있다.

닭장에는 얼마나 많은 닭이 들어 있을까. 닭장을 가득 채운 닭의 밀도는 일반적으로 1제곱미터당 17마리가량이라고 한다. 양계장 한 곳에 이렇게 수만 마리의 닭이 몰려 산다. 지방의 소도시나 읍의 인구만 한 닭이 이토록 작은 양계장에 갇혀 있는 것이다.

닭들은 움직일 일도 없다. 떠들지도 않는다. 이 닭장 안에서 닭들이 할 수 있는 짓이라곤 영양가 높은 사료를 계속 먹고 살을 찌우는 일뿐이다.

그런 나날이 하루 이틀 꼬리에 꼬리를 물고, 어느 날 아침…….

벌컥! 닭장 문이 열린다.

출하이다.

닭들은 차례차례 잡혀 비좁은 닭장차에 무르춤하게 처박혀 간다. 어떤 놈은 난생처음 힘껏 날개를 퍼덕이고, 어떤 녀석은 태어나서 처음으로 있는 힘을 다해 꼬끼오~ 목청을 돋운다. 그리고 이놈들은…… 이때에야 태어나서 처음으로 눈부신 햇살을 구경한다.

이것이 닭들이 이 세상에 태어나 사오십 일 만에 겪는 대사건이다.

가금(家禽)류인 닭의 원종(原種)은 동남아시아 삼림 지대에 서식하는 들닭[野鷄]이다.

숲속에서 이 나무 저 나무로 날아다니는 들닭을 개량해서 날지 않는 닭이 만들어졌다.

들닭의 수명은 10년에서 20년까지로 추정된다.

태어나 사오십일 만에 죽임을 당하는 브로일러의 정확한 수명은 아무도 모른다. 개량된 브로일러의 자연적 수명은 5년에서 10년 이상까지는 되지 않을까 여겨진다.

하지만 브로일러들에게 수명 따위란 빛 좋은 개살구에 불과하다. 어쨌든 그들은 겨우 사오십 일 만에 죽는 걸 숙명으로 받아들여야만 하는 새들이니까.

브로일러는 능률적으로 성장하는 방향으로만 개량이 이루어지고 있다.

브로일러가 몸무게 1킬로그램을 늘리는 데 필요한 모이의 양이 고작 2킬로그램 남짓이라니 놀랍다.

먹은 것 중 이놈들이 살아가는 데 쓴 에너지는 불과 1킬로그램! 먹은 사료의 절반이 물질대사로 소비되지 않고 고기가 되는 것이다.

이렇게 기술이 발달함에 따라, 브로일러는 출하까지의 기간도 그만큼 단축돼왔다. 브로일러가 이 세상에서 삶을 영위할 수 있도록 허락된 시간도 그만큼 깎여왔다.

태어난 지 겨우 사오십 일.

산 채로 닭장차에 억지로, 마구, 꽉꽉.

쑤셔 박힌 닭들은 운송 도중 짐 바구니 안에서 압사해버리는 개체도 많다고 한다. 겨우겨우 고난을 참고 살아남는다 해도 앞날이 결코 밝은 게 아니다.

이들이 간신히 다다른 곳은 도계장(屠鷄場)이다.

닭장차에서 나와 마음껏 숨을 쉴 수 있게 되었다는 속생각을 할 겨를도 없이, 이들은 컨베이어에 매달려 차례차례 기계 안으로 운반된다.

요즘의 도계장은 전자동화된 공장이다. 인간은 손 하나 까딱하지 않고 기계가 통통한 고깃덩어리를 차례차례 뱉어낸다. 이 공장 안에서 닭들이 생명을 차곡차곡 빼앗기고 있는 것이다.

산 채로, 목이 잘려서.

이것이 닭들이 죽는 방식이다.

산 채로 목이 베이는 것은 가엾다고, 최근에는 전기가 흐르는 수조에 거꾸로 매달고 머리에 충격을 줘 기절시킨 뒤 목을 자르는 방법을 권장하고 있다.

식용 동물들도 죽음에 이르는 순간까지는 더 행복하게 잘 살 권리가 있다는 '동물권'을 인정받는 추세이다.

우리는 먹을거리 없이는 살아갈 수 없다.

고요한 밤, 거룩한 밤, 크리스마스 이브의 행복한 식탁에 통닭이 오른다.

그 내막에는, 오늘도 수많은 닭이 목숨을 빼앗기고 있다는 불편한 진실이 숨겨져 있다.

인간이 행하는 모든 실험에 이용되는 게 쥐들의 천직이다.

안전성을 확인하는 테스트는 '안전한지 안전하지 않은지 모르는'

미지의 상황을 시험하는 것이다. 이들은 실험동물이다.

죽는 것이 이들의 임무이다. 실험동물은 반려동물이 아니다.

'가엾다'고 생각하면 실험을 수행할 수 없다.

안전한지, 그렇지 않은지
알 수 없는 때에는

옛날에는 '사람이 죽으면 동물로 다시 태어난다'고 믿었다.

윤회(輪廻), 환생이다.

그러나 이처럼 낡고 케케묵은 사상에 얽매여서는 안 된다고 생각한 프랑스의 철학자 데카르트는, 인간은 영혼을 지녔지만 "동물은 마음이 없는 단순한 기계"일 뿐이라는 '동물기계론'을 주창했다. 또 정신을 지닌 인간은 동물을 기계처럼 이용해도 좋다고 역설했다. 그래서 인간은 마치 기계를 분해하듯이 개 따위의 동물을 마취도 하지 않고 해부한다.

철학자 칸트도 "동물에게는 자의식이 없고, 단순히 인간을 위해 존재한다"고 주장했다.

아주 먼 옛적에 『구약성경』은 하느님이 인간에게 "땅에 충만하라, 땅을 정복하라, 바다의 물고기와 하늘의 새와 땅에 움직이는 모든 생물을 다스리라"는 말씀을 하셨다고 기록했다. 게다가 이것을 철학자가 그럴싸한 풍월로 설명함에 따라, 사람들은 동물을 마음대로 좌지우지할 수 있게 되었다. 동물을 산 채로 실험했다. 덕분에 의학과 과학은 눈부신 발전을 이룩했다.

이들은 태양을 볼 일이 없다.

실험실 안에서 태어나 실험실에서 죽어간다.

이들이란 실험용 쥐이다.

미키 마우스로 잘 알려져 있듯이, 영어로 쥐를 마우스(mouse)라고 한다. 다만 일본에서는 특히 실험용으로 사육하는 쥐를 마우스라고 한다.

실험용 마우스로는 생쥐가 이용된다.

생쥐를 일본어로는 '스무날 쥐(二十日鼠, 하쓰카네즈미)'라고 한다. '스무날 쥐'라고 하는 까닭은 명확하지 않지만, 일설에는 임신 기간이 20일인 데서 유래하였다고 한다. 그만큼 임신 기간이 짧다. 생쥐는 한 해 동안 다섯 차례에서 열 차례가량 임신을 반복해, 한 번에 대여섯 마리의 새끼를 낳는다. 그리고 갓 태어난 새끼는 몇 달 만에 성숙하고 임신한다. 이리하여 그 수가 엄청나게 불어날 수 있다. 일본어로 '기하급수'를 일컫는 '네즈미잔(鼠算, 쥐 셈법)'이라는 말 그대로이다.

생쥐는 사육 조건 아래서 두 해가량 산다는데, 야생에서는 수개월밖에 살지 못한다고 한다. 아무래도 자연계에는 쥐의 천적이 많다. 뱀과 부엉이, 족제비 등속의 다양한 포식자가 쥐를 먹잇감으로 삼는다. 이 때문에 쥐는 잡아먹혀도, 잡아먹혀도 끊임없이 번식할 수 있도록 진화해왔다.

이렇게 속속 태어나 순식간에 다 자라는 성질 때문에 실험동물로 적합한 것이다.

인간이 행하는 모든 실험에 이용되는 게 쥐들의 천직이다. 어떤 놈에게는 약물을 투입하고, 어떤 놈에게는 전기 충격을 가하고, 어떤 놈에게는 온몸에 전극을 달아놓았다. 몸을 움직이기 힘든 우리에 억지로 갇혀 있고, 어떤 놈은 옴짝달싹 못하도록 묶여 있기도 한다. 산 채로 해부되기까지 한다.

당연한 얘기이지만, 안전성을 확인하는 테스트는 '안전한지 안전하지 않은지 모르는' 미지의 상황을 시험하는 것이다. 어떤 놈은 부작용으로 몸 여기저기가 부풀어 오르고, 어떤 놈은 독성 때문에 몸의 털이 빠져 심하게 몸부림치며 괴로워한다.

위험성을 확인하는 테스트에서는 치사량을 확실히 알아내야 한다. 약물을 이만큼 투여해서 안 죽으면 더 투여해보고, 그래도 안 죽으면 새로운 처리가 행해진다. 그러면서 고통스럽게 죽어가는 모습을 기록하는 것이다.

이들은 실험동물이다.

죽는 것이 이들의 임무이다.

실험동물은 반려동물이 아니다. 실험동물을 취급할 때는 일체의 감정이 장애가 된다. '가엾다'고 생각하면 실험을 수행할 수 없다. 모든 감정을 삭제한다! 실험동물을 대할 때는 이런 품새가 인간에게 요구되는 것이다.

데카르트나 칸트가 주장한 것처럼 동물에게는 영혼이 없을지도 모르고, 아무런 감정도 없을지도 모른다. 그러나 인간이 젖먹이동물의 일원으로서 진화해왔다면, 뇌가 만들어내는 영혼이나 감정은 특별히 인간만이 획득한 성질이 아니라 다른 젖먹이동물들도 이와 가까운 마음이나 감정을 발달시키고 있다고 생각할 여지도 있다. 또는, 동물의 사고나 행동이 모두 본능에 의한 것이라면 우리 인간이 품는 여러 가지 감정도 결국은 본능의 일종일 뿐일지도 모른다.

사실 그 자체는 아무도 모르는 것이다.

우리 인류에게 생명이란 너무나 불가사의로 가득 차 있다.

생명의 수수께끼를 규명하기 위해서는 특정한 목숨붙이를 희생양으로 삼을 필요가 있다.

실험 동물들이 몸 바친 덕에 인간은 한 걸음 한 걸음 더 생명의 수수께끼에 다가설 수 있다. 그놈들 덕분에 신약이 개발되고, 인간은 점점 더 오래 살 수 있게 되는 것이다.

개의 조상으로 여겨지는 온순한 늑대는 무리 가운데서
서열이 낮아 먹거리도 충분하지 않고 단독으로 사냥을 할 힘도 모자랐다.
인간 쪽에게도 개가 사냥감을 쫓거나
외적을 경계해주는 등 이점이 많았다. 이렇게 해서
인간과 개는 파트너로서 함께 살게 되었다.

귀여워야 밥값을 하는 시대

개는 원래 야생 늑대 무리를 데려다 길들인 것이다.

그러나 늑대는 육식 맹수이다. 어떻게 늑대는 인간의 동반자가 되었을까?

늑대는 무리를 지어 행동하는 사회적 동물이다. 리더와 서열 높고 힘센 늑대는 무리나 가족을 지키기 위해서 지극히 공격적이다. 그러나 무리 안에서 서열이 낮은 늑대는 대장 늑대에게 고분고분하고 얌전하게 잘 따른다. 그런 온순한 늑대가 지금 사육하는 개의 선조이다.

개가 인간과 함께 살게 된 시기는 인간이 염소나 양 등속의 초식동물을 기르며 목축을 시작한 때보다 훨씬 오래전의 일이라고 여겨진다. 목축의 기원이 1만 년 전인 반면, 개는 1만 5,000년가량 전 구석기 시대부터 이미 인간과 함께 살았다고 추측된다.

그런데 '인간이 늑대를 사육해 가축으로 길들였다'는 개의 기원에는 수수께끼가 많다. 원래 인류에게 늑대 같은 육식 맹수는 두려워할 만한 외적이었을 테니 말이다. 도대체 어떻게 그런 무서운 육식 짐승을 길들이게 된 것일까?

게다가 개를 기르려면 사람 먹기도 모자란 식량을 개에게 나눠주어야 한다. 수렵채집 시대에 인간과 늑대는 사냥감을 놓고 경쟁하는 관계였다. 식량이 될 만한 동물을 기른다면 모를까, 인류가 늑대를 길들여야 할 이유는 도대체 찾기 힘들다.

이 밖에도 수수께끼가 있다. 무릇 인간은 개가 없어도 사냥할 수 있었다. 인류에게 개가 필요할 까닭이 없었던 것이다.

요즈음 연구에 따르면 원래는 인간이 개를 필요로 한 게 아니라 개가 인간을 바투 좇아 가까이 달라붙었다고 한다. 개의 조상으로 여겨지는 온순한 늑대는 무리 가운데서 서열이 낮아 먹거리도 충분하지 않고 단독으로 사냥을 할 힘도 모자랐다. 그래서 인간에게 가까이 다가와 먹다 남은 음식을 얻어먹게 된 게 아닌가 하는 것이다.

인간 쪽에게도 개가 사냥감 쫓기, 외적 경계 혹은 감시 등으로 수렵의 효율화에 도움을 주는 이점이 많았다.

이렇게 해서 인간과 개는 파트너로서 함께 살게 되었다.

그리고 1만 년 넘는 세월이 흘렀다.

요즘 시대는 바야흐로 반려동물 붐이다.

개는 사냥을 하지 않는다. 집을 지키거나 망을 보는 번견(番犬)이 짖는 경우도 적다. 개는 거의 반려견으로 인간에게 귀여움을 받는 것이 주된 역할이다. 개는 모름지기 귀여워야 밥값을 하는 시대이다.

일본에는 어린아이보다 개나 고양이의 수가 많다는 말이 있을 정도로 반려동물이 넘쳐난다. 개가 이렇게 번영했던 시대가 다시 없었지 싶다. 그야말로 반려동물의 천국이다.

펫 숍에서는 비교적 부담 없는 값에 귀여운 강아지를 판다. 마치 장난감을 고르는 것처럼 날마다 많은 개가 팔려나간다.

반려견들에게 필요한 자질은 '귀여움'이다.

태어난 지 얼마 되지 않은 강아지 중에서 팔리지 않은 놈은 잔품(殘品)이 된다. 미분양된 잔품에게 앞으로 닥칠 운명은 살처분이다.

요행히 팔려간 강아지들도, 다 자라 몸집이 커지고 나면 사 왔을 때 같은 귀여움을 잃는다. 그런 개들 가운데서는…… 장난감처럼 싫증 나서 쓸모없어진 개도 있다. 그런 개는 '동물 보호 센터'가 '맡는다'. 말은 '보호'니 '맡는다'느니 하지만, 현실에서 모든 개가 '보호'받는 것은 결코 아니다. 어쨌든 매일매일 많은 개가 주인에게 버림받고 있다. 그런 유기견들을 모조리 '보호'할 수 없는 게 현실이다.

그리고 개들을 이산화탄소 가스로 안락사시킨다. 말이 '안락'사이지, 실은 좁은 방에 억지로 갇혀 산소를 마시지 못하는 질식사이다. 개와 고양이를 합해 일본에서만 연간 5만 마리가 살처분되고 있다고 한다.

인간을 동반자로 선택한 개는 이제 인간 없이는 살아갈 수 없다. 그리고 이것이, 인간을 파트너로 선택한 동물이 처한 뼈아픈 현실이다.

옛날에는 늑대가 신으로 추앙받았다.

예전에 늑대는 밭을 황폐하게 만드는 사슴이나 멧돼지를

퇴치해주는 유익한 동물이었다. 그런 늑대의 위상이 문명개화에 따라

서양문명이 유입되면서 일변한다. 광견병이 유입된 것이다.

늑대에게 물린 사람이 속속 죽어가는 현실 앞에서

당시 사람들은 공포에 부들부들 떨었을 것이다.

한때는 신과 같았던 동물

런던의 영국박물관에 일본늑대[日本狼] 한 마리의 털가죽과 뼈가 표본으로 보존되어 있다. 이 늑대는 1905년 나라(奈良)현의 산속에서 포획된 개체이다. 영국 조사단의 일원으로 일본을 방문 중이던 미국의 동물학자 맬컴 앤더슨(Malcolm Anderson)이 나라현 히가시요시노(東吉野) 마을에 체류하고 있을 때 어느 사냥꾼으로부터 젊은 수컷 늑대의 사체를 구매해서 가져온 것이다.

이 늑대는 사냥꾼의 덫에 걸렸다가 맞아 죽은 놈이었다.

이때 영국으로 팔려간 늑대가, 기록상 일본에 서식한 마지막 일본늑대이다.

그는 이 늑대의 사체를 사냥꾼에게서 8엔 50전(약 85원)에 사들였다. 늑대는 죽은 지 며칠이 지났고 고기는 부패해 있었다. 그래서 털가죽과 뼈만 영국으로 보냈다. 이것이 현재 영국박물관에 보존되어 있는 표본이다.

일본늑대는 에도 시대(1603~1867)부터 메이지 시대(1868~1912) 초반까지 홋카이도(北海道)를 제외한 일본 전역에 서식하고 있었다고 한다.

홋카이도에는 일본늑대와 다른 아종(亞種)인 에조늑대도 서식하고 있었다. 에조늑대에 대한 기록은 일본늑대보다 이른 1896년이 마지막이다. 이 해에 홋카이도 하코다테(函館)시의 모피상이 에조늑대의 모피를 중개했다는 것이 에조늑대에 대한 최후의 기록이다.

지금은 일본늑대도 에조늑대도 절멸하고 말았다. 멸종된 동물은 다시 원래대로 돌아오지 않는다. 즉, 영원히 사라져버리는 것이다.

일본어로 '오카미(狼, 늑대)'가 '오카미(大神, 신의 경칭)'에서 유래했다는 말처럼, 옛날에는 늑대가 신으로 추앙받았다.

예전에 일본에서는 늑대가 사람을 습격하는 경우는 좀처럼 없었고, 그 정도로 무서운 짐승이라고 여기지도 않았다. 오히려 늑대는 밭을 황폐하게 만드는 사슴이나 멧돼지 따위를 퇴치해주는 유익한 동물이었다.

실제 산간지대에는 늑대를 모시는 신사(神社)도 있다. 늑대는 정말로 신이나 마찬가지였다.

그런 늑대의 위상이, 메이지 시대가 도래하면서 일변한다.

목축이 번성한 서양에서는, 양을 덮치는 늑대는 해로운 산짐승이다. 「빨간 망토」(샤를 페로)나 「늑대와 일곱 마리 아기 염소」(그림 형제) 등의 동화에 그려진 그대로이다.

늑대가 악당이라는 이 사고방식이 문명개화에 따라 서양문명과 함께 일본에 유입되었다. 일본에서도 목축이 행해지면서 실제로 늑대가 가축을 습격한 일이 있었을지도 모른다. 물론 그것만으로 신이었던 늑대가 악당으로 돌변했을 리는 없다.

메이지 시대가 되자, 늑대가 인간을 덮쳐 위해를 가하게 되었다. 어떻게 불거진 사달일까?

에도 시대 중엽, 서양과의 문물 교류를 통해서 나가사키(長崎)에 광견병이 유입되었다. 그리고 메이지 시대에 광견병 유행이 잦아지면서 야생 늑대들 사이에서도 광견병이 만연했다. 광견병에 걸린 개는 흉포해져 사람을 무는데, 이것은 늑대도 마찬가지이다. 광견병에 걸린 늑대에게 물린 인간은 광견병에 감염되어 어쩔 도리 없이 죽고 만다. 광견병은 의료가 진보한 현대에도 물린 뒤 증상이 나타나기 전에 백신을 접종하지 않으면 치사율이 무려 100퍼센트에 이른다. 늑대에게 물린 사람이 속속 죽어가는 현실 앞에서 당시 사람들은 공포에 부들부들 떨었을 것이다.

이렇게 하여 사람들은 늑대를 증오하게 되었고, 일본 곳곳에서 늑대를 박멸해갔다.

그렇다 해도 늑대는 너무나 급격하게 감소해 멸종의 길로 들어섰다. 1887년만 해도 아직 여기저기서 목격되던 늑대가 10여 년 후에는 거의 자취를 감추어버렸다.

사실은 서양에서 받은 것이 하나 더 있었다. '디스템퍼'라는 강아지에게 많은 급성 전염병이다. 외국에서 들어온 새로운 질병에 일본늑대는 면역력을 갖고 있지 않았다. 이 때문에 전염병이 창궐해 일본늑대가 차츰 사라진 게 아닐까 추측하고 있다.

물론 기록에 남아 있는 마지막 일본늑대가 실제로 일본에 존재한 최후의 한 마리 일본늑대는 아닐지도 모른다.

덫에 걸려 맞아 죽은 놈은 젊은 늑대였다. 늑대는 무리를 지어 행동하니까, 이 늑대에게도 동료가 있었을 것이다. 그 늑대 무리는 그 후 어떻게 됐을까?

개체 수가 급속하게 줄어드는 마당에 늑대들은 필사적으로 살아남으려고 발버둥 쳤을 것이다. 하지만 늑대는 살길을 찾을 수 없었다. 그리고 마침내 최후의 한 마리가 쓰러졌고, 일본늑대는 이 세상에서 자취를 감추고 말았다.

진짜 최후의 한 마리가 어디서 어떻게 죽었는지는 알 길이 없다. 이렇게 사람들이 모르는 사이에, 일본에서는 신이었던 최후의 일본늑대는 그 자취를 완전히 감추어버렸다.

코끼리는 정말로 '죽음'을 이해하고 있는 것일까?

인간이 제멋대로 코끼리가 '슬퍼하는 듯하다'고

의미를 부여하고 있는 것일지도 모른다.

어쩌면 움직이지 않는 동료들을 그저 살펴보고 있는지도 모르고,

꿈쩍 않는 동료가 신기할 뿐일지도 모르는데 말이다.

죽음을 아는 듯한
가장 큰 동물

'코끼리 무덤'이라는 전설이 있다.

코끼리는 죽을 때가 된 것을 알아채면 제 발로 무리를 떠나 '코끼리 무덤'으로 향한다. 그리고 먼저 세상을 떠난 코끼리들의 뼈와 상아가 흩어져 있는 이곳 무덤에 누워 조용히 죽음을 맞이한다는 것이다.

이처럼 코끼리는 자신의 최후를 다른 코끼리들에게 결코 보여 주지 않는다고 전해져왔다.

이것은 사실, 틀린 이야기이다.

코끼리는 육상동물 중 가장 크다. 그 가운데서도 대형 아프리카코끼리는 몸길이가 무려 7미터가 넘고 몸무게는 6톤에 육박한다. 이 정도 거구인데도 사바나에서 코끼리의 사체가 전혀 목격되지 않았기 때문에 이러한 전설이 생겨난 것이다. 또 밀렵꾼들이 대량의 상아 엄니를 팔아치우기 위해 이 전설을 교묘하게 이용했다고도 한다.

코끼리의 사체가 발견되지 않는 데에는 이유가 있다.

코끼리의 수명은 70년쯤 된다고 알려져 있다. 동물 중에서는 꽤 장수한다. 그래서 코끼리의 죽음 그 자체를 찾아보기가 힘들다.

게다가 사바나의 건조한 대지에서는 많은 목숨붙이들이 배를 쫄쫄 굶기 일쑤이다. 만일 코끼리 시체가 있으면, 청소동물들이 가만있지 않는다. 처음에는 하이에나들이 그 두꺼운 피부를 물어 뜯고 고기를 게걸스럽게 파먹는다. 그러면 그 구멍에 대머리독수리들이 모여 고기를 걸신들린 듯 쪼아 먹는다. 코끼리의 큰 몸뚱어리는 순식간에 뼈만 남는다. 이윽고 뼈도 풍화되어 모든 것이 흙으로 돌아간다. 그래서 인간이 코끼리의 주검을 볼 수 없었던 것이다.

다만, 연구가 진행된 오늘날은 코끼리의 사체가 관찰되고 있다. 코끼리 무덤이란 단지 전설에 불과했던 것이다.

코끼리에 대한 연구가 진행됨에 따라, 코끼리가 죽음을 인식하고 있는 것이 아닌가 하고 여겨지고 있다. 코끼리가 동료의 죽음을 슬퍼하는 모습을 볼 수 있다는 것이다. 예컨대 윗입술과 결합되어 있는 근육질의 길고 유연한 코로 죽은 동료의 몸을 일으키려고 한다든지 음식을 주려고 한다든지 하는 식으로 애도한다. 마치 동료를 조문하듯이 흙이나 나뭇잎을 사체 위에 걸쳐놓거나 하는 행동도 눈에 띄고 있다.

정말로 코끼리는 죽음을 인지하고 있는 것일까?

코끼리는 머리가 좋고 공감 능력이 뛰어난 동물이라고 알려져 있다.

코끼리는 나이 많은 암컷 우두머리가 이끌고 혈연관계인 암컷과 새끼들로 구성된 무리를 이룬다. 수컷 코끼리는 번식기 동안만 단기간 유대관계를 맺는다. 그리고 커다란 입과 귀로 복잡한 커뮤니케이션을 주고받으면서 무리 속에서 서로서로 도우며 살아가고 있다고 알려져 있다. 상처를 입었거나 말썽을 부리는 코끼리가 있으면 협력해서 도와주고, 위로도 해주고, 싸우고 나면 화해도 한다고 한다.

그 일상생활은 마치 인간과 다를 바 없는 것 같다. 코끼리는 머리가 좋은 동물이라는데, 역시나 그렇다는 생각이 든다.

코끼리에게도 지성이 있는 것일까? 코끼리는 서로 공감하는 것일까?

그것은, 모른다.

인간만이 특별한 감정을 가진 동물일까? 혹은, 우리 인간이 제멋대로 코끼리를 의인화해 살피면서 감정이 있다는 듯이 여기는 것은 아닐까?

'죽음'에 대해서는 어떨까?

코끼리는 정말로 '죽음'을 이해하고 있는 것일까?

인간이 제멋대로 코끼리가 '슬퍼하는 듯하다'고 의미를 부여하고 있는 것일지도 모른다. 어쩌면 움직이지 않는 동료들을 그저 살펴보고 있는지도 모르고, 꿈쩍 않는 동료가 신기할 뿐일지도 모르는데 말이다. 어쩌면 전혀 의미 없는 본능적 행동일지도 모르고.

하지만…… 한번 생각해보자.

그렇다면 우리 인간은 '죽음'을 이해하고 있나?

도대체 죽음이란 무엇인가? 인간은 죽으면 어떻게 되는 것일까?

그건 아무도 모른다. '죽음'은 우리 인간에게조차 불가사의의 영역이다.

무릇 코끼리는 죽음을 애도하는 동물이라고 알려져 있다.

어쩌면 코끼리들이 죽음을 우리 인간보다 더 잘 알고 있을지도 모른다. 삶의 의미도 더 잘 깨닫고 있을지도 모른다. 그리고 우리보다 더 깊이 죽음을 추모하고 있을지도 모르는 것이다.

코끼리의 입장에서 보면, '인간도' 죽음을 애도하는 생물이다.

그러나 '죽음' 앞에서는 인간조차 무력하다. 만물의 영장을 자부하며 과학기술 만능의 시대에 살고 있다는 우리에게도 죽음 앞에서 할 수 있는 일은 한정되어 있다.

사랑해야 할 사람이 숨 쉬지 않고 영원히 움직이지 못하는 현실이 눈앞에 닥치면, 우리 인간이 할 수 있는 것 또한, 그저 슬퍼하는 일뿐이다.

다음 세대에게 물려주는
마지막 선물이 죽음이라니

각양각색의 생명체가 '푸른 행성' 지구 곳곳에 살고 있다. 이 책은 바다, 강, 육지, 하늘에 서식하는 갖가지 생물의 생태와 진화 과정 등속을 흥미진진하게 다루며, 이들의 '마지막(죽어감과 죽음)'을 차분하고도 애수 어린 시선으로 묘사한 29꼭지의 수필 모음이다.

곤충 13, 해양 생물 6, 포유류 8, 떠살이생물 2, 조류·파충류·양서류가 각각 1가지씩으로 얼추 32종의 목숨붙이가 등장한다.

한국도 기대 수명이 높아지고 초고령화 시대로 접어드는 문턱이어서인지, 몇 년 전부터 '(늙음과) 죽음'에 관한 책들이 독자들의 큰 호응을 얻고 있다. 그런데 이것들은 모두가 '인간'에 관한 책이었다고 해도 과언이 아니다. 옮긴이는 인간 말고 다른 목숨붙이들의 다양한 죽음을 자세히 관찰하거나 깊이 사색해 들어간 단행본이 있으면, 만물의 생로병사(生老病死)를 통해 인간의 생사관을 되새겨보는 계기가 될 수 있겠다는 아이디어가 여러 차례 떠올랐었다.

그러던 차에 2019년 이 책의 원서 『生き物の死にざま』를 발견하고 번역 출간을 제안했다. 원서를 기획한 편집자의 다음과 같은 말을 읽으니, 의도가 서로 통한 듯싶기도 했다.

"사람들은 삶의 종반을 어떻게 보낼까 하고 멀거니 종잡고 있을 때, 문득 '동물의 경우는 어떨까?' 하는 의문이 들었다. 그 호기심을 저자에게 이야기해, 결국 인간 이외 '생물들의 죽음'을 다룬 이 책이 세상의 빛을 보았다. 엄혹한 자연계에서 생존해가는 생명체들의 최후를 아는 것은 인간을 더 깊이 헤아리거나 생명의 고귀함을 깨닫게 해주는 기회가 될 성싶다."

'산다는 것, 혹은 죽는다는 것은 무엇인가'라는 인문학의 영원하고도 보편적인 주제를 '만물의 마지막' 즉 '온갖 생명체의 최후' 특히 '동물의 마지막'을 통해 성찰하고자 했던 취지였던 셈이다.

이 책의 주인공들은 그 생애가 어쩐지 애잔하거나 외롭거나 슬프고 가련하다. 그러나 생명체로서 이 지구에 태어난 이상 '무언가'를 좇으며 필사적으로 생을 이어간다. 저자가 알아낸 그 '무언가'는 무엇이었을까?

저자는 여러 군데에서 "모든 생명은 살아가다가 죽는 프로그램에서 벗어날 수 없다"고 역설한다.

하이데거는 "현존재는 죽음에 이르는 존재"라고 말했다. 인간도 생명의 순환 고리에서 벗어난 영생의 존재는 결코 아니란 것인데, 이는 동물에게도 마땅한 이치이다.

그럼 어차피 '산다'는 게 '죽어간다'는 것이고, 종국에는 죽기 마련인데, 인간이든 동물이든 왜 굳이 고달픈 생을 이어나가는 것일까?

미리 결론, 즉 이 책을 관통하고 있는 메시지부터 밝혀볼까.

이 책에 따르면, 죽음이란 다음 세대에게 '목숨의 바통'을 이어줘 '생명의 릴레이'가 펼쳐질 수 있도록 하는 것이다. 부모는 '죽음'으로써 '자식'이란 '생명의 바통'을 탄생시키는 게 자연의 순환 섭리라는 메시지이다.

셰익스피어는 말했다.

"겁쟁이는 죽음에 앞서 여러 번 죽지만, 용감한 사람은 한 번밖에 죽음을 맛보지 않는다."

여기서 '사람'을 이 책의 주인공들로 바꾸면, 거의 '용감한 사람'에 해당한다. 무릇 살아 있는 모든 것은, 살다가 죽는 프로그램에서 벗어날 수 없다. 불멸의 삶이란, 불로불사의 생명체란 없다. 나고 살고, 낳고 죽어 다음 세대가 '생(生)의 바통'을 이어가도록……

이 책 속의 동물들은 단순무식할 정도로 용감하게 살다가 죽어간다. 생명체로서 이 지구에 태어난 이상 그 '무언가'를 좇으며.

당연히 이 자연의 섭리를 '용감하게' 따르는 생명체가, 이 책에 가득하다.

알에게 단백질이라는 영양분을 공급하기 위해서는 인간의 피를 빨아들여야만 하기에 목숨을 걸고 자객처럼 인가에 침입해 탈출하는 암모기.

암컷에게 잡아먹히면서도 짝짓기를 그만두지 않는 수컷 사마귀.

자손을 남기기 위해 죽을 때까지 짝짓기를 멈추지 않는 '상남자 중의 상남자' 안테키누스.

암컷에게 정자를 주기 위한 존재라는 사명을 완수하기 위해 암컷에 기생하다가 방정(放精)을 하고 나면 암컷에 흡수되고 마는 수컷 초롱아귀.

새끼들에게 알맞은 수온을 찾아주고자 저승길로 떠나는 심해의 어미 예티게.

새끼를 낳기 위해 목숨을 잃어버릴 위험을 무릅쓰고 도로를 가로지르는 두꺼비…….

모름지기 자연계에서 개체의 죽음은 새끼를 남기는 것이 목적이다. 비록 그 '죽음'에 비애와 애달픔, 측은함 또는 성취감이나 일종의 행복감을 대입해 가슴이 뭉클해진다고, 인간은 그렇게도 해석할 터이지만, 저자가 통찰하는 바에 따르면 이것만은 확실하다. 죽음이란 다음 세대에게 '생명의 바통을 넘겨주고 삶의 릴레이'가 영원히 펼쳐지도록 하는 것이다.

만물은 생명체로서 이 지구에 태어난 이상 '무언가'를 좇다 죽는데, 그 무언가는 '다음 세대에게 생의 바통을 넘겨주는 것'이란 통찰이다.

어느 일본 아마존 독자의 평가대로 "죽음은 삶의 집대성"이고 "삶이 귀중한 까닭은 언젠가 끝나기 때문(카프카)"이다.

죽음은 자연의 섭리이고 사계절처럼 되풀이되는 자연의 운행이기 때문에 생로병사를 자연의 순환질서로 바라본 동양의 죽음학(thanatology)이, 지은이와 이 책의 사생관(死生觀)이 아닐까 한다.

모두의 마지막이 눈물겨운 까닭도, 다음 세대라는 종(種)을 유지하기 위해, 곧 생명의 바통을 이어주기 위해 스스로 죽음을 마다하지 않기 때문일 것이다.

생명의 진화사에서 수컷과 암컷이라는 성(性)을 생명체가 발명한 까닭도, 미리 죽음을 전제로 한 존재로 생명의 바통을 다음 세대에게 이어주기 위해서였다.

"'죽음'은 38억 년에 걸친 생명체의 역사 속에서 생물 자신이 만들어
낸 위대한 발명인 것이다. (……) 생명체는 원래의 개체에서 유전 정보
를 가져와 새로운 개체를 만드는 방법을 짜냈다. 이것이 수컷과 암
컷이라는 성(性)이다. 즉, 수컷과 암컷이라는 짜임새를 만듦과 동시
에, 생물은 '죽음'이라는 시스템을 고안해낸 것이다."

일본에서 2019년 7월에 출간된 지 5개월 만에 9만 부가량이 팔렸다고 한다. 10대 초반부터 나이 지긋한 어르신까지 폭넓은 독자층이 형성되었는데, 이 가운데 60퍼센트는 여성이었다.

"수개월 동안 금식하며 알을 지키고 부화를 지켜보다가 죽어가는 어미 문어. 부화한 후 배고픈 자식을 위해 제 몸을 먹잇감으로

바치는 어미 집게벌레. 그런 부모 자식의 이야기가 여성 독자의 심금을 울린 건지도 모른다"라고 담당 편집자는 평가하고 있다.

이렇듯 이 책이 널리 읽히는 까닭은, 지식을 다루는 과학적인 해설에 머무르지 않고, 생명체 본연의 삶과 죽음을 독자 자신의 사정처럼 느끼게 하는 문학적이고 감성적인 문체 덕분일 것이다. 때론 동물을 의인화해서 묘사하기도 하고 일본 고전 시가와 전래 동화, 또한 데카르트나 칸트의 말들을 적절하게 인용해 생물의 '마지막'으로부터 인간의 삶과 죽음을 인문학적으로 되씹어보게 하는 것이다.

단순히 동물의 생태와 죽음에 관한 풍성한 이야기에만 머무르는 게 아니라, 역설적으로 인간의 생멸(生滅) 드라마를 적나라하게 되비춰주는 책이라고 할 수 있는 까닭이다.

저자는 때론 문학가처럼 서정적으로, 때론 자연과학자로서 생물학의 리얼리즘으로 '생물의 죽음'이라는 테마를, 이른바 '통섭'적으로 이 책을 담아냈다. 그래서 어떤 생물의 에피소드를 읽더라도, 그럼 인간은 어떠한가를 궁리하게 한다.

"생물의 깨끗한 최후를 연민 어린 시선으로 애틋하게 바라보면서, 인간을 포함해 소멸하는 것들에 대한 지혜"를 주는 책이라는 한 독자의 평가에 동의할 수밖에 없는 이유이다.

또 어느 지점에 와선, 죄책감과도 엇비슷한 감정이 들게 한다. 물론 저자의 따뜻한 생명 사랑이 전해지기도 해서 그러하겠지만, 자연에 대한 인간의 인위적인 혹은 과도한 간섭 탓에 생명의 순환 고리가 파괴되어가는, 곧 생태계의 교란이 점점 더 심해지는 탓에 그렇다.

예컨대 연어는 인간의 수자원 확보를 위한 댐 따위 때문에 강을 거슬러 헤엄쳐 올라갈 수 없고, 두꺼비는 인간의 인공 불빛 탓에 엉뚱한 산란 장소로 가기 일쑤이고, 바다거북은 대량의 모래 채취와 모래벌판 정비사업 따위로 알 낳는 장소를 점점 더 잃어가고 있다.

이 책의 종반부에는 식량 산업 효율화를 위한 대표 동물로 전락한 닭, 실험동물로 평생 우리 안에 갇혀 사는 쥐, '반려' 동물이라지만 '잔품'으로 전락하면 살처분되고, 강아지일 때는 귀여워서 분양을 받지만 다 자라면 유기견 신세가 되고 마는 개가 나온다. 저자는 이렇듯 인간의 편의에 따라 다른 생명체들을 이용하고 있는 실정을 담담하게 들려주며, 자연계의 생명 활동 영위에 인간이 미치는 영향을 각성하게 한다. 이 책이 에콜로지(ecology) 종류의 책이기도 한 까닭이다.

지은이는 문장의 명쾌함과 술술 읽히는 글솜씨로 정평이 나 있다. 이 책의 에세이들도 문장에 군더더기가 없고, 자연 속의 생명체처럼 풋풋하면서도 서정적이고, 때론 우아하고 부드럽다. 원서도 읽는 대로 곧바로 이해가 되는 지경이나, 죽음이라는 무거운 주제를 다루니만큼 서술한 내용은 묵직하게 가슴을 두드렸다.

　때론 아련한 마음에 번역을 한 꼭지씩 마칠 때마다, 옮긴이의 주변에서 먼저 저세상으로 떠난 이들도 자연스레 떠오르고, 또한 개인사도 반추해보느라 번역의 가속도만을 재촉할 순 없는 노릇이었다. 덕분에 노트북에서 잠시 떠나기를 되풀이했다. 생물에 관한 자연과학 분야 책이기 이전에 죽음에 관한 문학이기에 그러했으리라.

　모두의 마지막은 장절하고, 고독하고, 측은하고……

　"부모들이 자식들에게 마지막으로 남긴 선물"이라는 죽음의 정경을 상상하면서, 자연의 섭리에 대한 사념이 깊어가 옮기는 데 시간이 걸렸다.

　"삶에 대한 사랑은 죽음의 자각에서 시작되며 죽음은 생의 일부"라는 몽테뉴의 말마따나, 생명체에게는 반드시 죽음이 찾아오고, 비록 '생존 경쟁은 비릿하지만 죽음은 존귀하다'는 지혜를 다시 한번 곱씹어보게 한다.

　아마 독자들도 한 꼭지씩을 읽을 때마다, 눈물겹도록 삶이 아름다운 이유를 생각해보게 되는 시간을 갖게 되지 않을까 하고 어림짐작해본다.

2020년, 가을.

북한산 자락에서

옮긴이

생명 곁에 앉아 있는 죽음

펴낸날	초판 1쇄 2020년 9월 28일

지은이	이나가키 히데히로
옮긴이	노만수
펴낸이	심만수
펴낸곳	㈜살림출판사
출판등록	1989년 11월 1일 제9-210호

주소	경기도 파주시 광인사길 30
전화	031-955-1350 팩스 031-624-1356
홈페이지	http://www.sallimbooks.com
이메일	book@sallimbooks.com

ISBN	978-89-522-4234-1 03470

※ 값은 뒤표지에 있습니다.
※ 잘못 만들어진 책은 구입하신 서점에서 바꾸어 드립니다.

이 도서의 국립중앙도서관 출판예정도서목록(CIP)은 서지정보유통지원시스템 홈페이지
(http://seoji.nl.go.kr)와 국가자료종합목록시스템(http://www.nl.go.kr/kolisnet)에서
이용하실 수 있습니다.(CIP제어번호: CIP2020033128)